双季稻与气候变暖

DOUBLE-CROPPING RICE AND CLIMATE WARMING

黄山 著

中南大学出版社
www.csupress.com.cn
·长沙·

图书在版编目（CIP）数据

双季稻与气候变暖 / 黄山主编. --长沙：中南大学
出版社，2025.1.
　　ISBN 978-7-5487-6058-0

Ⅰ. S511.4

中国国家版本馆 CIP 数据核字第 2024KF7439 号

双季稻与气候变暖
SHUANGJIDAO YU QIHOU BIANNUAN

黄山　主编

□出 版 人	林绵优
□责任编辑	刘锦伟
□责任印制	唐　曦
□出版发行	中南大学出版社
	社址：长沙市麓山南路　　　　　邮编：410083
	发行科电话：0731-88876770　　传真：0731-88710482
□印　　装	湖南省众鑫印务有限公司

□开　　本	710 mm×1000 mm 1/16	□印张 10	□字数 192 千字
□版　　次	2025 年 1 月第 1 版	□印次 2025 年 1 月第 1 次印刷	
□书　　号	ISBN 978-7-5487-6058-0		
□定　　价	52.00 元		

编委会

◎ **主编**

黄　山(江西农业大学)

◎ **参编**（按姓氏汉语拼音顺序排列）

贾　震(江西农业大学)

江　瑜(南京农业大学)

孙艳妮(江西农业大学)

汪　勇(江西省农业科学院土壤肥料

与资源环境研究所)

王海媛(江西省灌溉试验中心站)

伍思平(江西农业大学)

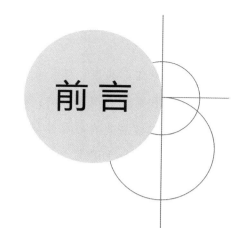

前言

　　人类活动导致的温室气体排放引发了全球气候变化。以气候变暖为主要特征的气候变化对作物生产产生显著影响。双季稻主要位于亚热带和热带地区，易受高温胁迫，对气候变暖更为敏感。同时，稻田是甲烷和氧化亚氮等非二氧化碳温室气体的重要排放源，对气候变化具有显著的反馈效应。因此，明确双季稻对气候变暖的响应和反馈作用对水稻生产适应和减缓气候变化具有重要意义。

　　笔者采用开放式增温设施，在我国典型的双季稻区开展了多年田间试验研究，以探明双季稻系统对气候变暖的响应。本书总结了该试验的主要结果，重点明确了气候变暖对双季稻物质生产、养分吸收、产量和稻米品质的影响，揭示了气候变暖对双季稻系统氮素吸收和分配、籽粒蛋白质组分和氮素利用效率的影响，阐明了双季稻系统甲烷和氧化亚氮排放对气候变暖的响应，为双季稻系统适应和减缓气候变化提供了科学依据。

　　本书第1章介绍了开放式增温系统的设计及增温效果；第2章阐明了增温对双季稻干物质积累和转运的影响以及根系形态和生理特征对增温的响应；第3章明确了增温对双季稻稻米品质、籽粒蛋白质组分以及蛋白合成相关代谢酶活性的影响；第4章初步揭示了增温影响双季稻籽粒蛋白质含量的转录组学机制；利用同位素标记技术，第5章分析了增温对双季稻氮素吸收来源和氮肥去向的影响；第6章和第7章阐明了双季稻系统温室气体排放对开放式增温的响应及其与播期调整的互作效应。

由于编者水平有限，书中不足之处敬请广大读者批评指正。

编 者

2024 年 12 月

目 录

第1章
开放式增温系统设计及其增温效果

　　人类活动已经引起了广泛而迅速的全球变暖。自 21 世纪以来（2000—2020 年），地球表面温度较工业化前已经升高了 1.0 ℃，全球升温在 21 世纪末很可能达到 1.4~4.4 ℃[1]。不同地区、季节，以及昼夜之间气候变化具有明显的差异。总体上，全球变暖呈现出高纬度地区气温增幅高于低纬度地区、冬春季的气温增幅高于夏秋季、夜间气温增幅高于白天的态势[2]。《中国气候变化蓝皮书（2022）》指出，2021 年我国地表平均温度相比于常年升高了 1.0 ℃，成为 1901 年至 2023 年最暖的年份[3]。中国的增温趋势与全球气候变化趋势基本一致，升温速率明显高于全球同期水平，是气候变化的敏感区[4]。

　　水稻是全世界一半以上人口的主要粮食，占据全球约 11% 的耕地面积[5]。作为全球最大的水稻生产国和消费国，中国的水稻种植地域辽阔，东至台湾，西至新疆，南至海南，北至黑龙江[2]。1961—2010 年，我国水稻生长季的最低气温和平均气温分别升高了 0.61 ℃ 和 0.47 ℃，气温日较差则降低了 0.38 ℃[6]。不同生态区背景温度差异明显，稻作模式和种植制度多样，包括北方一熟单季稻、长江流域两熟一季中稻，以及南方两熟双季稻。因此，气候变暖对不同地区和不同水稻种植系统的影响存在时空差异[7-9]。总体而言，东北和西南稻区气候变暖幅度高于中部和南方[2]。在过去的四十年中（1970—2009 年），中国东北三省作物生长季节日平均、最高和最低温度平均升高了 0.34 ℃、0.28 ℃ 和 0.43 ℃[7]。Tao 等[8]通过对 1981—2009 年全国主要粮食生产区的气候变化的数据监测发现，长江中下游双季稻的早、晚稻全生长季气温平均每十年分别升高了 0.22 ℃ 和 0.77 ℃，长江中下游一季稻和北方单季稻全生长季气温平均每十年分别升高了 0.22 ℃ 和 0.35 ℃。此外，研究数据还表明，不同类型稻作区的温度变化在不同生育期之间有显著差异。其中，长江中下游双季稻系统的晚稻生殖生长期气温每十年升高幅度最大（1.10 ℃），而早稻营养生长期每十年温度增幅最小（0.07 ℃）。

目前，已有大量学者开展了增温试验来研究气候变暖对作物生长发育的影响[10-12]。人工气候室、开顶式气箱、红外线反射器、远红外辐射器和管道加热等增温装置被广泛应用于各种农业生态系统研究[13]。开放式主动增温（FATI）设施通过悬挂于植物冠层上方的红外线辐射器对冠层加热直接提高冠层温度[14]。这种主动增温方式模拟了太阳对植株的直接辐射，是一种高能效的方式，因为红外线辐射器先对空气进行加热，而后植物叶片温度升高，不需要克服边界阻力[15]。相比于其他增温方式，FATI对植株周围的生态环境几乎不会产生干扰[16, 17]。因此，FATI能够相对较为真实地模拟气候变暖场景，并已广泛应用于草地和农田生态系统中的气候变暖研究[18-20]。

1.1 材料与方法

>>>

1.1.1 试验地概况

本试验于2021—2022年在江西上高水稻科技小院开展。双季稻试验田位于江西省宜春市上高县泗溪镇曾家村（115°09′E，28°31′N），属于典型亚热带季风气候，年平均气温和年平均降水量分别为17.6 ℃和1650 mm。图1-1为2021年和2022年水稻生长季的日平均气温和日平均降水量变化。种植制度为早稻—晚稻—冬闲。该试验田水稻土由第四纪红色黏土发育而来，试验前表层（0～15 cm）土壤理化性质为：pH 5.7、有机碳含量18.3 g/kg、全氮含量1.8 g/kg、碱解氮含量242.7 mg/kg、速效磷含量43.3 mg/kg、速效钾含量108.4 mg/kg。

1.1.2 试验设计

本试验采用裂区设计，以温度为主区，设置增温与不增温两个处理方式；以水稻品种为裂区，早、晚稻各两个品种。早稻供试品种为湘早籼45号和中嘉早17，晚稻供试品种为万象优华占和天优华占。设置三次重复，共12个小区。对于增温处理，在试验小区内应用开放式增温系统，对水稻自移栽至收获进行昼夜不间断增温。开放式增温系统参照Yang等[21]的方法。如图1-2所示，在每个小区内，将远红外加热黑体管（1500 W，长180 cm×宽20 cm）悬挂于距离水稻冠层上方45 cm处，形成2.7 m²（长1.8 m×宽1.5 m）有效增温面积。对于不增温处理的小区，安装相同的装置，但不进行通电增温。在整个生长季，增温装置随着水稻

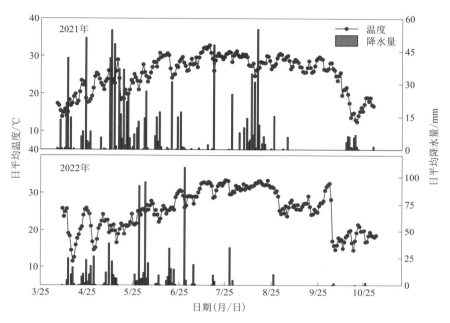

图 1-1　2021 年和 2022 年水稻生长季日平均温度和日平均降水量

　　的生长不断调整高度，使加热管与冠层之间保持 45 cm 的恒定距离，以保持适当的增温幅度。

　　早、晚稻栽培方式均采用水育秧和人工移栽。2021 年和 2022 年早稻播种日期均为 3 月 20 日，移栽期分别为 4 月 15 日和 4 月 18 日；晚稻播种日期分别为 6 月 22 日和 6 月 26 日，移栽日期分别为 7 月 15 日和 7 月 18 日。早稻移栽规格为每穴 3 苗，行株距 20 cm×13 cm；晚稻移栽规格为每穴 2 苗，行株距 25 cm×13 cm。早稻施肥量为氮肥（纯氮）165.0 kg/hm²、磷肥（纯磷）36.0 kg/hm²、钾肥（纯钾）123.0 kg/hm²；晚稻施肥量为氮肥（纯氮）210.0 kg/hm²、磷肥（纯磷）46.0 kg/hm²、钾肥（纯钾）156.0 kg/hm²。早、晚稻均以尿素、钙镁磷肥和氯化钾分别作为氮肥、磷肥和钾肥。早、晚稻氮肥均分三次施用，早稻施用比例为基肥：分蘖肥：穗肥=5：2：3；晚稻施用比例为基肥：分蘖肥：穗肥=4：2：4。早、晚稻季磷肥均全部作为基肥，钾肥施用比例均为基肥：穗肥=7：3。在早、晚稻季，水稻移栽后田间保持浅水层（2~3 cm），在分蘖中期进行排水晒田，复水后进行干湿交替灌溉，于收获前一周断水。其余田间管理均按照双季稻常规生产进行。

图1-2 开放式增温系统

1.1.3 测定指标

水稻冠层(倒一叶中部)和土壤(深度5 cm)温度利用自动温度记录仪(ZDR-U2W-T2,杭州泽大仪器有限公司,杭州)逐小时记录。

1.2 结果分析 >>>

1.2.1 温度变化动态

如图1-3所示,2021年和2022年,增温和不增温处理的早、晚稻生长季冠层日平均温度变化动态基本一致,增温处理的冠层日平均温度明显高于不增温的温度,表明开放式增温不会改变冠层温度的变化趋势,对气候变暖的模拟较为真实。

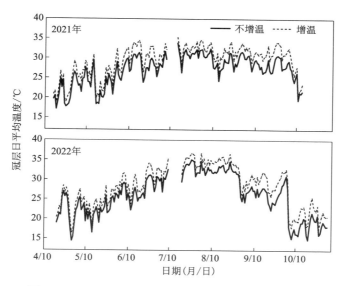

图 1-3　2021 年和 2022 年水稻生长季的冠层温度变化

1.2.2　冠层温度

表 1-1 和表 1-2 展示了开放式增温对早、晚稻昼夜、白天和夜间冠层平均温度的影响。与不增温处理相比，增温处理显著提高了早稻冠层的昼夜平均温度、白天平均温度和夜间平均温度。夜间平均温度增温幅度显著高于白天平均温度增温幅度。在增温处理下，2021 年和 2022 年湘早籼 45 号冠层的昼夜平均温度分别升高了 2.1 ℃和 1.8 ℃，白天平均温度分别升高了 1.5 ℃和 1.3 ℃，夜间平均温度分别升高了 2.6 ℃和 2.3 ℃；中嘉早 17 冠层昼夜平均温度增幅分别为 2.0 ℃和 1.7 ℃；白天平均温度增幅分别为 1.5 ℃和 1.1 ℃，夜间平均温度增幅为 2.6 ℃和 2.3 ℃。

开放式增温对晚稻冠层的平均温度影响与早稻相似(表 1-2)。增温处理显著提高了晚稻冠层昼夜、白天和夜间的平均温度，增幅从大到小依次为夜间、昼夜、白天。与不增温处理相比，增温处理使万象优华占 2021 年和 2022 年冠层昼夜平均温度升高了 2.0 ℃和 1.9 ℃，白天平均温度均升高了 1.0 ℃；夜间平均温度升高了 3.0 ℃和 2.7 ℃。2021 年天优华占昼夜平均温度、白天平均温度、夜间平均温度在开放式增温处理下分别升高了 2.3 ℃和 1.6 ℃、3.0 ℃，2022 年分别升高了 1.6 ℃、0.8 ℃和 2.5 ℃。

增温处理分别平均提高了早稻分蘖期、穗分化期、抽穗期和灌浆期的冠层温度1.9℃、1.3℃、2.4℃和2.2℃（表1-3）。增温处理分别提高了晚稻分蘖期、穗分化期、抽穗期和灌浆期的冠层温度1.8℃、2.1℃、1.4℃和1.8℃（表1-4）。增温处理分别平均增加早稻抽穗前和抽穗后日平均最高温1.0℃和1.2℃，分别显著增加抽穗前和抽穗后日平均最低温1.9℃和2.4℃（表1-5）。增温处理分别平均增加晚稻抽穗前和抽穗后日平均最高温1.1℃和0.2℃，分别平均增加晚稻抽穗前和抽穗后日平均最低温1.9℃和2.3℃（表1-6）。

表1-1　早稻全生育期的冠层平均温度　　　　　　　　　　单位：℃

年份	品种	处理	昼夜	白天	夜间
2021	湘早籼45号	不增温	25.1	27.7	22.6
		增温	27.2	29.2	25.2
		增幅	2.1	1.5	2.6
	中嘉早17	不增温	25.2	27.7	22.6
		增温	27.2	29.2	25.2
		增幅	2.0	1.5	2.6
2022	湘早籼45号	不增温	24.7	27.7	21.6
		增温	26.4	29.0	23.9
		增幅	1.7	1.3	2.3
	中嘉早17	不增温	24.8	27.8	21.7
		增温	26.5	29.0	24.0
		增幅	1.7	1.1	2.3

表1-2　晚稻全生育期的冠层平均温度　　　　　　　　　　单位：℃

年份	品种	处理	昼夜	白天	夜间
2021	万象优华占	不增温	29.2	32.9	25.5
		增温	31.2	33.9	28.5
		增幅	2.0	1.0	3.0
	天优华占	不增温	28.9	32.3	25.5
		增温	31.2	33.9	28.5
		增幅	2.3	1.6	3.0

续表 1-2

单位：℃

年份	品种	处理	昼夜	白天	夜间
2022	万象优华占	不增温	27.7	32.2	23.2
		增温	29.6	33.2	25.9
		增幅	1.9	1.0	2.7
	天优华占	不增温	27.6	32.1	23.1
		增温	29.2	32.9	25.6
		增幅	1.6	0.8	2.5

表 1-3　增温对早稻不同生育期冠层温度的影响

单位：℃

年份	品种	处理	分蘖期	穗分化期	抽穗期	灌浆期
2021	湘早籼 45 号	不增温	22.5	23.7	29.1	28.6
		增温	24.4	25.3	30.7	31.3
		增幅	1.9	1.6	1.6	2.7
	中嘉早 17	不增温	22.6	24.5	29.4	28.6
		增温	24.5	26.1	31.2	31.2
		增幅	1.9	1.6	1.9	2.6
2022	湘早籼 45 号	不增温	22.0	23.2	27.2	27.9
		增温	23.7	24.1	29.1	29.9
		增幅	1.8	0.9	2.0	2.0
	中嘉早 17	不增温	21.9	23.9	25.4	28.3
		增温	23.7	25.1	29.2	29.8
		增幅	1.8	1.1	3.9	1.5

表 1-4　增温对晚稻不同生育期冠层温度的影响

单位：℃

年份	品种	处理	分蘖期	穗分化期	抽穗期	灌浆期
2021	万象优华占	不增温	31.0	29.7	29.4	28.1
		增温	32.7	32.3	30.8	30.0
		增幅	1.7	2.6	1.5	1.8
	天优华占	不增温	31.0	29.7	29.2	27.4
		增温	32.7	32.1	31.1	29.9
		增幅	1.7	2.4	1.9	2.5

续表 1-4

单位：℃

年份	品种	处理	分蘖期	穗分化期	抽穗期	灌浆期
2022	万象优华占	不增温	32.9	29.5	27.0	22.6
		增温	34.7	31.1	28.8	24.1
		增幅	1.8	1.5	1.9	1.5
	天优华占	不增温	32.9	29.1	27.2	22.2
		增温	34.7	31.0	27.5	23.7
		增幅	1.8	1.9	0.3	1.5

表 1-5　增温对早稻抽穗前和抽穗后冠层日平均最高温和日平均最低温的影响

单位：℃

年份	品种	处理	日平均最高温 T_{max}		日平均最低温 T_{min}	
			抽穗前	抽穗后	抽穗前	抽穗后
2021	湘早籼45号	不增温	30.8	36.1	18.7	24.5
		增温	31.7	37.9	20.8	27.1
		增幅	0.9	1.8	2.1	2.7
	中嘉早17	不增温	31.0	36.2	18.8	24.5
		增温	31.9	37.8	20.8	27.2
		增幅	0.9	1.6	2.0	2.6
2022	湘早籼45号	不增温	30.4	35.8	18.1	23.5
		增温	31.4	37.2	19.8	25.5
		增幅	1.0	1.4	1.7	2.1
	中嘉早17	不增温	30.5	36.7	18.4	23.8
		增温	31.9	36.7	20.1	25.7
		增幅	1.4	0.0	1.7	2.0

表 1-6　增温对晚稻抽穗前和抽穗后冠层日平均最高温和日平均最低温的影响

单位：℃

年份	品种	处理	日平均最高温 T_{max}		日平均最低温 T_{min}	
			抽穗前	抽穗后	抽穗前	抽穗后
2021	万象优华占	不增温	38.4	39.0	25.5	21.9
		增温	39.9	39.1	27.4	24.2
		增幅	1.4	0.1	1.8	2.3
	天优华占	不增温	38.5	37.6	25.5	21.3
		增温	39.7	39.0	27.3	24.1
		增幅	1.2	1.4	1.8	2.8
2022	万象优华占	不增温	41.4	34.3	24.9	15.0
		增温	42.3	33.7	26.9	17.2
		增幅	0.9	-0.6	2.0	2.2
	天优华占	不增温	41.4	33.7	24.6	14.6
		增温	42.1	33.5	26.8	16.6
		增幅	0.7	-0.2	2.1	2.0

1.2.3　土壤温度

2021 年和 2022 年双季稻田土壤日平均温度的动态变化如图 1-4 所示。土壤温度的变化在不增温和增温处理之间表现出一致的趋势，表明增温没有改变稻田土壤温度变化特征。两年平均来看，增温使湘早籼 45 号生长季的土壤昼夜平均温度升高了 1.3 ℃，白天平均温度升高了 0.8 ℃，夜晚平均温度升高了 1.9 ℃；中嘉早 17 生长季的土壤昼夜平均温度升高了 1.3 ℃，白天平均温度升高了 0.7 ℃，夜晚平均温度升高了 1.7 ℃（表 1-7）。增温处理下，万象优华占两年生长季内土壤昼夜平均温度平均升高了 1.2 ℃，白天平均温度平均升高了 0.8 ℃，夜晚平均温度平均升高了 1.6 ℃；天优华占生长季内土壤昼夜平均温度升高了 1.1 ℃，白天和夜间平均温度分别升高 0.7 ℃和 1.6 ℃（表 1-8）。两年早、晚稻生长季的土壤日平均温度增幅夜间大于白天。

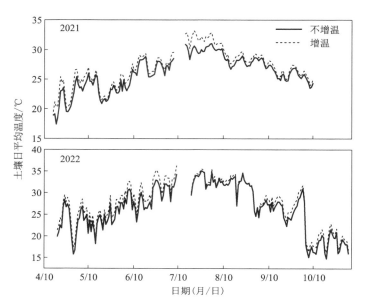

图 1-4 增温对水稻生长季土壤日平均温度的影响

表 1-7 增温对早稻生长季土壤平均温度的影响 单位：℃

年份	品种	处理	昼夜	白天	夜间
2021	湘早籼 45 号	不增温	24.6	27.8	21.4
		增温	25.8	28.4	23.2
		增幅	1.2	0.6	1.9
	中嘉早 17	不增温	24.7	27.8	21.4
		增温	25.7	28.4	23.1
		增幅	1.1	0.6	1.6
2022	湘早籼 45 号	不增温	23.0	26.1	20.0
		增温	24.4	27.0	21.8
		增幅	1.4	0.9	1.8
	中嘉早 17	不增温	23.2	26.2	20.1
		增温	24.6	27.0	21.9
		增幅	1.4	0.8	1.8

表 1-8　增温对晚稻生长季土壤平均温度的影响 单位：℃

年份	品种	处理	昼夜	白天	夜间
2021	万象优华占	不增温	27.9	30.5	24.2
		增温	29.1	31.5	25.5
		增幅	1.1	0.9	1.3
	天优华占	不增温	27.6	29.7	25.5
		增温	28.4	30.4	26.5
		增幅	0.8	0.7	0.9
2022	万象优华占	不增温	25.5	27.6	23.4
		增温	26.8	28.3	25.3
		增幅	1.3	0.7	1.9
	天优华占	不增温	25.3	26.4	24.2
		增温	26.7	27.0	26.4
		增幅	1.4	0.6	2.2

1.3　小结

$>>>$

　　开放式增温装置对双季稻冠层增温效果显著。早稻冠层日平均温度增幅为 1.7~2.1℃，晚稻冠层日平均温度增幅为 1.7~2.3℃。早稻季土壤日平均温度增幅为 1.2~1.4℃，晚稻季土壤日平均温度增幅为 0.8~1.4℃。早、晚稻冠层和土壤的日平均气温均表现为夜间增幅大于白天。增温和不增温处理的早、晚稻生长季的冠层和土壤日平均温度变化动态基本一致，表明开放式增温不会改变冠层和土壤温度的变化趋势，对气候变暖的模拟较为真实。

第 2 章
增温对双季稻物质生产的影响

在热带和亚热带地区，温度是限制水稻生产的主要因素之一。国内外学者进行了大量关于气候变暖对水稻产量的影响研究[22-24]。总体而言，近几十年气候变化对我国水稻生产造成了不利的影响[25-28]。Peng 等[29]研究发现，在干旱季节，水稻生长季中最低温度增加 1.0 ℃，水稻产量将会降低 10.0%，而生长季的最高温度对产量没有显著影响。水稻产量对气候变暖的响应在不同地区和不同生长季节间差异显著[6]。Yang 等[6]利用模型模拟气候变化下我国水稻产量变化，结果表明，在水稻生长期平均温度为 12.0~14.0 ℃ 或者 20.0 ℃ 以上的地区，气温每升高 1.0 ℃，产量大约降低 4.0%，且生长季平均温度越高，产量降低越严重。然而，在水稻生长季平均温度高于 25.0 ℃ 的地区，气温升高导致的水稻减产随生长季平均温度增加而降低。由此可知，气候变暖对水稻产量的影响具有时空变异性，主要与水稻生长季的背景温度有关[7, 8]。Liu 等[30]研究表明，在增温 1.5 ℃ 和 2.0 ℃ 情景下，我国单季稻平均产量分别降低 11.3% 和 22.7%，早稻产量分别降低 10.9% 和 25.5%，晚稻产量分别降低 13.5% 和 26.6%。气候变暖对南方地区水稻减产的影响大于北方。在高纬度地区，水稻生长季的背景温度远低于其生长的最适温度，适当增温可能有利于水稻生长[31, 32]。例如，1989—2009 年我国东北三省水稻生长季日平均温度呈现升高的趋势。同时，黑龙江省、吉林省和辽宁省的水稻单产每年分别增加 144.0 kg/hm²、94.0 kg/hm² 和 69.0 kg/hm²，表明气候变暖对水稻产量的正效应由南向北逐渐递增[33]。Chen 等[34]通过荟萃分析发现，增温对水稻产量的影响在不同类型水稻之间存在差异。增温使单季稻和晚稻产量分别增加 9.0% 和 6.7%，而使中稻和早稻产量分别降低了 11.9% 和 6.2%。以往关于气候变暖对水稻生长发育影响的研究多数集中于单季稻区，关于运用开放式增温在双季稻区的研究较少。为此，本试验在南方双季籼稻区展开，采用开放式增温方法，研究早、晚稻的产量、生物量和根系发育对增温的响应，以明确气候变暖对双季籼稻生长发育的影响。

2.1 材料与方法 >>>

2.1.1 试验地概况

同第 1 章 1.1.1 试验地概况。

2.1.2 试验设计

同第 1 章 1.1.2 试验设计。

2.1.3 测定指标

2.1.3.1 产量及产量构成

于水稻成熟期,在各小区调查 40 穴水稻,计算每穴有效穗数。根据平均有效穗数在每个小区各取 5 穴代表性植株,将穗部手工脱粒,采用水漂法分离实粒与秕粒,考察产量构成。

2.1.3.2 干物质积累与转运

于水稻分蘖期、抽穗期和成熟期,各小区分别调查平均分蘖/有效穗数,根据平均数取地上部代表性植株 3 穴(成熟期 5 穴),分为茎、叶和穗,于 105.0 ℃杀青 30 min,然后于 75.0 ℃烘干至恒重后称量。花后干物质积累、干物质转运及对产量的贡献率按照以下方法计算:

花后干物质积累量(dry matter accumulation after heading, DMAH)=成熟期地上部干物质质量-抽穗期地上部干物质质量。

干物质转运量(dry matter translocation, DMT)=抽穗期茎叶干物质质量-成熟期茎叶干物质质量。

干物质转运率(dry matter translocation rate, DMTR)(%)=(干物质转运量/抽穗期茎叶干物质质量)×100。

转运干物质贡献率(contribution rate of dry matter translocation, CRDMT)(%)=(干物质转运量/成熟期穗部干物质质量)×100。

2.1.3.3　水稻根系特征

于 2022 年早、晚稻抽穗期，每个小区调查 40 穴，计算平均有效穗数。根据平均有效穗数确定 3 穴根茬，用高 20 cm、直径 20 cm 的 PVC 管以根茬为中心垂直打入土壤，取完整根系。根系用自来水冲洗干净，带回室内。取 1 穴根系，用根系扫描仪（Epson Expression 1680 Scanner，Seiko Epson Corp，Tokyo，Japan）扫描成图，通过 WinRHIZO 分析系统（Regent Instruments Inc.，Quebec，Canada）计算出根系长度、根表面积、根体积和平均直径[35]。

于 2022 年早、晚稻抽穗期，取洗净的根系，用 α-萘胺法测定根氧化力，用亚甲蓝吸附法测定根系总吸收面积、活跃吸收面积，并计算比表面积[36]。

2.1.4　统计分析

采用 SPSS 22.0 软件（SPSS Inc.，Chicago，IL，USA）进行方差分析。早、晚稻产量及其产量构成、干物质积累量和转运量、水稻根系特征均采用增温处理（W）、品种（C）和年份（Y）三因素方差分析。

2.2　结果分析

>>>

2.2.1　生育期

2021 年和 2022 年增温对双季稻生育期的影响如表 2-1 和表 2-2 所示。由表 2-1 和表 2-2 可知，增温显著影响早、晚稻生育进程，且增温对生育期的影响在早稻和晚稻之间存在差异。对于早稻来说，两年增温使湘早籼 45 号和中嘉早 17 的抽穗期和成熟期均提前，导致移栽至抽穗期和抽穗至成熟期时间均缩短，且抽穗前生长期受增温的影响更为明显，其缩短时间显著大于抽穗后（表 2-1）。从两年不同品种试验的平均结果来看，增温处理下，早稻抽穗期和成熟期较不增温处理分别平均提前了 2.8 天和 1.3 天，全生育期平均缩短了 4.0 天。两个品种生育期长短变化相近。2021 年和 2022 年湘早籼 45 号移栽至抽穗期分别缩短了 2.0 天和 3.0 天，抽穗至成熟期分别缩短了 2.0 天和 1.0 天；中嘉早 17 移栽至抽穗期分别缩短了 2.0 天和 4.0 天，抽穗至成熟期分别缩短了 2.0 天和 0 天。

然而，对于晚稻来说，生育期受增温影响表现出推迟的趋势（表 2-2）。总体从两年平均来看，在增温处理下，不同品种晚稻抽穗期和成熟期分别平均推迟了5.3 天和 0.8 天，全生育期平均延长了 6.0 天。两年试验中，万象优华占和天优华占的生育期变化有较大差异。2021 年和 2022 年万象优华占的移栽至抽穗期相较于不增温分别延长了 4.0 天和 7.0 天，抽穗至成熟期相较于不增温均延长了1.0 天，从而全生育期分别延长了 5.0 天和 8.0 天。而对于天优华占，在增温处理下，2021 年和 2022 年移栽至抽穗期分别延长了 4.0 天和 6.0 天，而抽穗至成熟期分别缩短了 3.0 天和延长了 4.0 天，导致全生育期分别延长了 1.0 天和10.0 天。

表 2-1　增温对早稻生育期的影响

年份	品种	处理	播种期（月/日）	移栽期（月/日）	抽穗期（月/日）	成熟期（月/日）	移栽至抽穗期/天	抽穗至成熟期/天	移栽至成熟期/天
2021	湘早籼45 号	不增温	3/20	4/15	6/9	7/7	55	28	83
		增温	3/20	4/15	6/7	7/3	53	26	79
	中嘉早 17	不增温	3/20	4/15	6/10	7/8	56	28	84
		增温	3/20	4/15	6/8	7/4	54	26	80
2022	湘早籼45 号	不增温	3/20	4/18	6/9	7/9	51	31	82
		增温	3/20	4/18	6/5	7/5	48	30	78
	中嘉早 17	不增温	3/20	4/18	6/12	7/10	55	28	83
		增温	3/20	4/18	6/8	7/6	51	28	79

表 2-2　增温对晚稻生育期的影响

年份	品种	处理	播种期（月/日）	移栽期（月/日）	抽穗期（月/日）	成熟期（月/日）	移栽至抽穗期/天	抽穗至成熟期/天	移栽至成熟期/天
2021	万象优华占	不增温	6/22	7/15	9/4	10/10	51	36	87
		增温	6/22	7/15	9/8	10/15	55	37	92
	天优华占	不增温	6/22	7/15	9/6	10/14	53	38	91
		增温	6/22	7/15	9/10	10/15	57	35	92
2022	万象优华占	不增温	6/26	7/18	9/13	10/22	57	39	96
		增温	6/26	7/18	9/20	10/30	64	40	104
	天优华占	不增温	6/26	7/18	9/16	10/24	60	38	98
		增温	6/26	7/18	9/22	11/3	66	42	108

2.2.2　产量及其构成

如表 2-3 和表 2-4 所示，增温对产量及产量构成的影响在早稻和晚稻之间存在差异。由表可知：增温对早稻产量没有显著影响。与不增温处理相比，增温处理下，早稻有效穗数和结实率显著提高，增幅分别为 6.0% 和 2.6%；每穗粒数和粒重显著降低，降幅分别为 5.1% 和 2.9%。早稻不同品种之间产量和产量构成差异显著。中嘉早 17 的有效穗数比湘早籼 45 号少 14.2%，每穗粒数、粒重和产量分别比湘早籼 45 号多 16.1%、6.5% 和 5.3%。两品种每穗粒数对增温的响应存在差异[图 2-1(a)]。增温对湘早籼 45 号两年平均有效穗数无显著影响，而使中嘉早 17 每穗粒数减少 8.7%。早稻有效穗数和粒重对增温的响应在年份间也存在差异[图 2-1(b) 和 (c)]。与不增温相比，2021 年早稻平均有效穗数增加了 9.9%，平均粒重降低了 6.0%，而增温对 2022 年早稻平均有效穗数和平均粒重均无显著影响。

与早稻不同，两年试验结果表明，增温显著降低晚稻产量(表 2-4)。与不增温处理相比，增温处理下，晚稻产量降低了 6.2%。增温对晚稻每穗粒数和结实率没有显著影响，但显著降低了晚稻有效穗数和粒重，降幅分别为 5.1% 和 2.5%。两个品种产量无显著差异，但相比于万象优华占，天优华占的每穗粒数和粒重显著高 6.9% 和 8.8%，而有效穗数和结实率显著低 6.7% 和 4.7%。不同品种晚稻产量对增温的响应存在差异[图 2-2(a)]。两年平均来看，增温对万象优华占的产量无显著影响，但显著降低了天优华占的产量。在不同年份，增温对产量的影响也存在差异[图 2-2(b)]。2021 年，增温显著降低了晚稻平均产量，而 2022 年增温与不增温处理下的产量无显著差异。

表 2-3　增温对早稻产量及产量构成的影响

		有效穗数 /m^{-2}	每穗粒数 /粒	结实率 /%	粒重 /mg	产量 /(t·hm^{-2})
增温 W^a	不增温	330	124	80.5	24.1	7.8
	增温	350**	117*	82.6*	23.4**	7.8
品种 C^b	湘早籼 45 号	366	112	81.9	23.0	7.6
	中嘉早 17	314**	130**	81.1	24.5**	8.0**
年份 Y^c	2021	340	122	79.7	24.6	7.8
	2022	340	120	83.4**	22.9**	7.8

续表2-3

		有效穗数/m^{-2}	每穗粒数/粒	结实率/%	粒重/mg	产量/(t·hm^{-2})
F 值	W×C	0.6	4.6*	0.8	2.6	0.5
	W×Y	4.7*	0.1	2.3	29.8**	0.4
	C×Y	5.8*	0.1	18.0**	1.0	2.2

注：* 和 ** 分别表示在 $P<0.05$ 和 $P<0.01$ 水平差异显著。增温、品种和年份（W×C×Y）对所有变量均无显著互作效应。a：不同品种和年份的平均值。b：不同处理和年份的平均值。c：不同处理和品种的平均值。

表 2-4　增温对晚稻产量及产量构成的影响

		有效穗数/m^{-2}	每穗粒数/粒	结实率/%	粒重/mg	产量/(t·hm^{-2})
增温 W^a	不增温	296	152	71.1	24.1	8.6
	增温	311**	147	71.5	23.5*	8.1**
品种 C^b	万象优华占	314	145	73.0	22.8	8.3
	天优华占	293**	155**	69.6*	24.8**	8.5
年份 Y^c	2021	291	147	75.9	24.7	8.4
	2022	316**	152	66.7**	22.9**	8.4
F 值	W×C	0.1	0.3	3.0	3.8	4.7*
	W×Y	0.1	0.3	6.2*	0.1	8.1*
	C×Y	2.0	0.4	7.4*	7.7*	0.9

注：* 和 ** 分别表示在 $P<0.05$ 和 $P<0.01$ 水平差异显著。增温、品种和年份（W×C×Y）对所有变量均无显著互作效应。a：不同品种和年份的平均值。b：不同处理和年份的平均值。c：不同处理和品种的平均值。

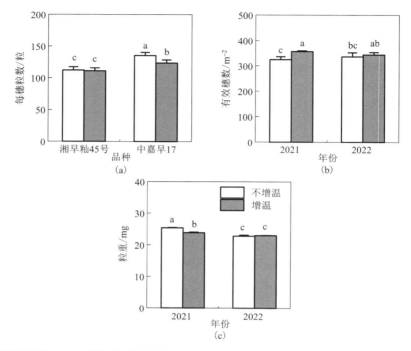

注：增温和品种(W×C)对早稻每穗粒数存在显著互作效应(a)；增温和年份(W×Y)对早稻有效穗数(b)和粒重(c)存在显著互作效应。同一柱形图中不同小写字母表示在 $P<0.05$ 水平差异显著。柱形图数据为不同年份(a)或品种(b，c)的平均值。误差棒表示平均值的标准差($n=3$)。

图 2-1　增温对早稻每穗粒数、有效穗数和粒重的影响

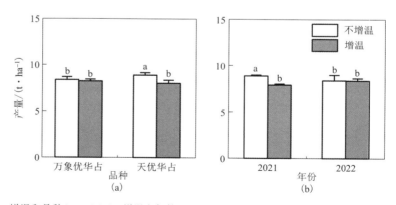

注：增温和品种(W×C)(a)、增温和年份(W×Y)(b)对晚稻产量均存在显著互作效应。同一柱形图中不同小写字母表示在 $P<0.05$ 水平差异显著。柱形图数据为不同年份(a)或品种(b)的平均值。误差棒表示平均值的标准差($n=3$)。

图 2-2　增温对晚稻产量的影响

2.2.3 干物质积累与转运

增温对双季稻干物质积累和转运的影响如表 2-5 和表 2-6 所示。增温显著影响早稻各生育期的干物质积累量和干物质转运（表 2-5）。从两年试验结果来看，与不增温相比，早稻分蘖期干物质积累量在增温处理下平均增加 58.3%，抽穗期干物质积累量平均降低 12.2%，花后干物质积累量平均增加 18.2%，而成熟期干物质积累量无显著差异。增温使早稻花前积累的干物质转运量、干物质转运率和转运的干物质对产量的贡献率显著降低，降幅平均分别达到 45.5%、6.4 个百分点和 5.9 个百分点。不同品种间干物质积累和转运有显著差异。中嘉早 17 各生育时期干物质积累量均显著高于湘早籼 45 号，分蘖期、抽穗期和成熟期分别高 14.3%、13.9% 和 6.0%，且干物质转运量、干物质转运率和转运干物质贡献率也分别比湘早籼 45 号显著高 42.0%、3.7 个百分点和 3.5 个百分点%。增温对早稻花后干物质积累量、干物质转运率和转动干物质贡献率的影响在两品种间存在差异（图 2-3）。与不增温相比，增温处理下湘早籼 45 号的花后干物质积累量显著增加 32.9%，而中嘉早 17 无显著变化［图 2-3（a）］。两品种干物质转运量及其对产量的贡献率对增温的响应趋势一致，但湘早籼 45 号的降低幅度（57.2% 和 7.7 个百分点）显著大于中嘉早 17（23.9% 和 4.1 个百分点）。增温对早稻干物质转运量、干物质转运率和转运干物质贡献率的影响在年份间也存在差异（图 2-4）。与不增温相比，增温显著降低 2021 年早稻干物质转运量、干物质转运率和转运干物质贡献率，降幅分别为 6.1%、8.0% 和 103%，而 2022 年增温对这些指标影响不显著。

增温对晚稻各时期干物质积累量和干物质转运的影响与早稻之间存在差异（表 2-6）。与不增温相比，增温处理下晚稻分蘖期和成熟期干物质积累量显著降低，平均降幅分别为 18.8% 和 6.8%，而抽穗期干物质积累量和花后干物质积累量不显著。增温对晚稻干物质转运量、干物质转运率和转运干物质贡献率均无显著影响。不同品种之间的干物质积累和转运存在差异。与万象优华占相比，天优华占分蘖期、抽穗期和成熟期的干物质积累量分别显著增加 7.1%、23.8% 和 5.1%，花后干物质积累量显著降低 23.3%，干物质转运量、干物质转运率和转运干物质贡献率分别显著增加 177.8%、15.1 个百分点和 18.0 个百分点。增温对分蘖期干物质积累量的影响强度与品种有关（图 2-5）。增温处理下，两品种分蘖期干物质积累量均显著降低，但天优华占（23.7%）降幅较万象优华占（12.5%）更大。

表 2-5　增温对早稻干物质积累和转运的影响

		分蘖期干物质积累量/(t·hm^{-2})	抽穗期干物质积累量/(t·hm^{-2})	成熟期干物质积累量/(t·hm^{-2})	花后干物质积累量/(t·hm^{-2})	干物质转运量/(t·hm^{-2})	干物质转运率/%	转运干物质贡献率/%
增温 W^a	不增温	1.2	8.2	13.7	5.5	1.1	16.2	12.9
	增温	1.9**	7.2**	13.7	6.5**	0.6**	9.8**	7.0**
品种 C^b	湘早籼45号	1.4	7.2	13.3	6.1	0.7	11.2	8.2
	中嘉早17	1.6**	8.2**	14.1**	5.9	1.0**	14.9**	11.7**
年份 Y^c	2021	1.7	7.9	13.6	5.8	1.2	18.2	13.7
	2022	1.4**	7.5*	13.8	6.2	0.5**	7.8**	6.2**
F 值	$W×C$	4.0	2.5	3.0	4.7*	2.2	7.4*	4.2*
	$W×Y$	2.3	0.2	0.9	1.0	37.2**	49.7**	36.6**
	$C×Y$	7.7*	0.1	0.0	0.0	5.3*	3.2	2.9

注：* 和 ** 分别表示在 $P<0.05$ 和 $P<0.01$ 水平差异显著。增温、品种和年份（$W×C×Y$）对所有变量均无显著互作效应。a：不同品种和年份的平均值。b：不同处理和年份的平均值。c：不同处理和品种的平均值。

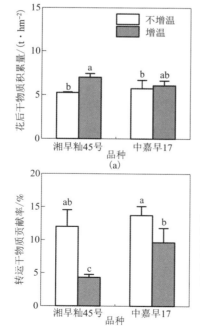
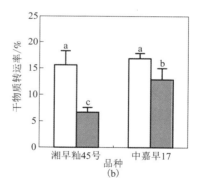

注：增温和品种（$W×C$）对早稻花后干物质积累(a)、干物质转运率(b)和转运干物质贡献率(c)存在显著互作效应。同一柱形图中不同小写字母表示在 $P<0.05$ 水平差异显著。柱形图数据为不同年份的平均值。误差棒表示平均值的标准差（$n=3$）。

图 2-3　增温对不同品种早稻干物质积累和转运的影响

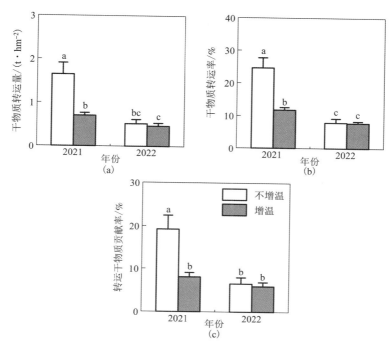

注：增温和年份（$W \times Y$）对早稻花后干物质转运量（a）、干物质转运率（b）和转运干物质贡献率（c）存在显著互作效应。同一柱形图中不同小写字母表示在 $P < 0.05$ 水平差异显著。柱形图数据为不同品种的平均值。误差棒表示平均值的标准差（$n = 3$）。

图 2-4 增温对不同年份早稻花后干物质积累和转运的影响

表 2-6 增温对晚稻干物质积累和转运的影响

		分蘖期干物质积累量/(t·hm⁻²)	抽穗期干物质积累量/(t·hm⁻²)	成熟期干物质积累量/(t·hm⁻²)	花后干物质积累量/(t·hm⁻²)	干物质转运量/(t·hm⁻²)	干物质转运率/%	转运干物质贡献率/%
增温 W^a	不增温	1.6	9.2	14.7	5.5	1.6	20.3	18.7
	增温	1.3**	8.7	13.7**	5.1	1.8	22.6	21.6
品种 C^b	万象优华占	1.4	8.0	13.8	6.0	0.9	13.9	11.2
	天优华占	1.5*	9.9**	14.5*	4.6**	2.5**	29**	29.2**
年份 Y^c	2021	1.9	8.4	14.2	5.9	1.4	19.8	16.4
	2022	1.0**	9.5**	14.1	4.7**	2.0*	23.1	23.9*

续表2-6

		分蘖期干物质积累量/(t·hm⁻²)	抽穗期干物质积累量/(t·hm⁻²)	成熟期干物质积累量/(t·hm⁻²)	花后干物质积累量/(t·hm⁻²)	干物质转运量/(t·hm⁻²)	干物质转运率/%	转运干物质贡献率/%
	$W×C$	10.4**	0.2	2.9	2.2	0.3	0.8	0.1
F值	$W×Y$	0.5	8.1*	0.0	10.9**	6.9*	11.3**	6.1*
	$C×Y$	6.6*	2.1	0.5	8.2*	8.7**	12.0**	8.6*
	$W×C×Y$	4.3	1.1	0.2	0.2	1.2	4.6*	1.1

注：*和**分别表示在$P<0.05$和$P<0.01$水平差异显著。a：不同品种和年份的平均值。b：不同处理和年份的平均值。c：不同处理和品种的平均值。

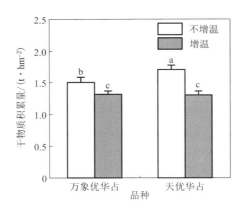

注：增温和品种($W×C$)对晚稻分蘖期干物质存在显著互作效应。图中不同小写字母表示在$P<0.05$水平差异显著。柱形图数据为不同年份的平均值。误差棒表示平均值的标准差($n=3$)。

图2-5 增温对晚稻分蘖期干物质积累量的影响

2.2.4 水稻根系特征

由表2-7和表2-8可知，增温对早稻和晚稻抽穗期根系总吸收面积、活跃吸收面积和比表面积均无显著影响。增温显著提高了早、晚稻的根氧化力。与不增温处理相比，增温处理下，早稻根氧化力提高了22.0%，晚稻提高了54.4%。中嘉早17的根氧化力显著高于湘早籼45号，而根系总吸收面积、活跃吸收面积及比表面积与湘早籼 45 号无显著差异。对于晚稻而言,天优华占根系总吸收面积和活跃吸收面积显著高于万象优华占,增幅为 51.3% 和 52.8%,而根氧化力比万象优华占低 31.2%。增温对不同品种的根氧化力的影响存在差异(图 2-6)。增温使万象优华占的根氧化力提高 1.3 倍,而对天优华占无显著影响。

表 2-7 增温对早稻根系生理特征的影响

		总吸收面积 /($m^2 \cdot plant^{-1}$)	活跃吸收面积 /($m^2 \cdot plant^{-1}$)	比表面积 /($m^2 \cdot cm^{-3}$)	根氧化力 /[$\mu g \cdot g^{-1}$(FW)$\cdot h^{-1}$]
增温 W^a	不增温	21.0	10.3	1.6	53.1
	增温	16.5	8.2	1.6	64.8*
品种 C^b	湘早籼 45 号	17.1	8.2	1.6	33.0
	中嘉早 17	20.4	10.4	1.5	85.0**
F 值	$W \times C$	0.7	0.1	5.6	0.2

注:* 和 ** 分别表示在 $P<0.05$ 和 $P<0.01$ 水平差异显著。a:不同品种的平均值。b:不同处理的平均值。

表 2-8 增温对晚稻根系生理特性的影响

		总吸收面积 /($m^2 \cdot plant^{-1}$)	活跃吸收面积 /($m^2 \cdot plant^{-1}$)	比表面积 /($m^2 \cdot cm^{-3}$)	根氧化力 /[$\mu g \cdot g^{-1}$(FW)$\cdot h^{-1}$]
增温 W^a	不增温	33.9	16.5	1.7	20.4
	增温	42.0	19.4	1.8	31.5*
品种 C^b	万象优华占	30.2	14.2	1.8	30.8
	天优华占	45.7*	21.7*	1.7	21.2*
F 值	$W \times C$	0.0	0.1	0.7	12.2**

注:* 和 ** 分别表示在 $P<0.05$ 和 $P<0.01$ 水平差异显著。a:不同品种的平均值。b:不同处理的平均值。

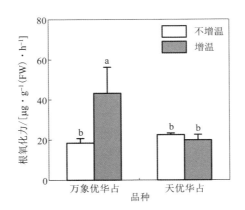

注：增温与品种（$W \times C$）对晚稻根氧化力存在显著互作效应。图中不同小写字母表示在 $P < 0.05$ 水平差异显著。误差棒表示平均值的标准差（$n = 3$）。

图 2-6　增温对晚稻根氧化力的影响

2.3　小结 >>>

　　增温缩短了早稻移栽至抽穗期、抽穗至成熟期和移栽至成熟期的时间，延长了晚稻移栽至抽穗期和抽穗至成熟期的时间。增温对水稻产量及其构成的影响在早、晚季和品种间存在差异。增温显著增加了早稻有效穗数和结实率，而降低了每穗粒数和粒重，对早稻产量无显著影响。然而，在增温处理下，晚稻粒重显著降低，导致晚稻产量显著下降，天优华占降幅更为显著。增温对早稻成熟期干物质量无显著影响，但显著降低了晚稻成熟期干物质量。与不增温处理相比，增温处理下早稻和晚稻抽穗期的根氧化力显著提高，而根系总吸收面积、活跃吸收面积和比表面积没有显著差异。

第 3 章
增温对双季稻稻米品质及其蛋白组分的影响

随着生活水平的提高,优质稻米越来越受市场和消费者的青睐。稻米品质主要包括加工品质、外观品质、营养品质和蒸煮食味品质[37]。水稻生长季温度的升高,特别是灌浆期温度的升高会显著影响稻米品质[38, 39]。前人研究表明,在我国稻麦轮作系统中,灌浆期增温导致稻米垩白粒率和垩白度的升高,使籽粒外观品质下降,进而导致精米率和整精米率的下降[40, 41]。稻米的加工和外观品质与水稻的经济价值和经济效益直接相关。因此,揭示全球变暖条件下双季稻区籼稻稻米外观和加工品质的变化具有十分重要的意义。蛋白质作为稻米中第二大类化合物,其含量仅次于淀粉,是稻米中最重要的营养物质[42]。蛋白质含量的高低不仅标志着稻米营养品质的优劣,也与稻米外观、蒸煮食味等品质密切相关[43, 44]。水稻籽粒蛋白质包括清蛋白、球蛋白、醇溶蛋白和谷蛋白四种组分[45]。不同蛋白组分含量的变化也会影响稻米的营养和食味品质。增温对水稻生长发育过程产生调控作用,从而影响稻米蛋白质及其组分形成[46]。例如,高温处理下,成熟期籽粒球蛋白和醇溶蛋白含量低于对照,清蛋白含量无显著差异,而谷蛋白含量升高或者无显著差异,表明各蛋白组分对高温的敏感性不同[47, 48]。因此,明确开放式增温对双季稻籽粒蛋白质及蛋白组分含量的影响对未来气候变暖背景下稻米品质的提升有重要的理论指导意义。

3.1 材料与方法

>>>

3.1.1 试验地概况

同第 1 章 1.1.1 试验地概况。

3.1.2　试验设计

同第 1 章 1.1.2 试验设计。

3.1.3　测定指标

3.1.3.1　加工和外观品质

将测产所剩的水稻籽粒在室温下放置 3 个月后测定稻米品质。长宽比、出糙率、精米率、整精米率、垩白粒率、垩白度按照《优质稻谷》(GB/T 17891—2017)操作规程测定[49]。

3.1.3.2　直链淀粉

按照《优质稻谷》(GB/T 17891—2017)操作规程测定。

3.1.3.3　RVA

利用快速黏度分析仪(rapid viscosity-analyzer super 3, Newport Scientific Inc., Warriewood, Australia)按照美国谷物化学家协会标准操作规程测定,测定指标包括峰值黏度、热浆黏度、最终黏度、崩解值(峰值黏度–热浆黏度)、消减值(最终黏度–峰值黏度)和糊化温度[50]。

3.1.3.4　粗蛋白含量

粗蛋白含量采用凯氏定氮法测定精米中的含氮量,再乘以换算系数 5.95 来确定[51]。

3.1.3.5　蛋白组分

将粉碎的糙米和精米过 100 目筛,依次提取清蛋白、球蛋白、醇溶蛋白和谷蛋白组分[52]。清蛋白、球蛋白和醇溶蛋白含量采用考马斯亮蓝法测定,谷蛋白含量采用双缩脲法测定[53]。

3.1.3.6　蛋白合成相关代谢酶活性

于早稻和晚稻抽穗期,各小区选取同日抽出的长势一致的 50 个稻穗挂牌标记。早稻于标记后每 5 天,晚稻于标记后第 5、10、15、22 和 29 天分别取标记穗

5 穗剪下，立即放入液氮速冻后，于−80 ℃超低温保存待测。籽粒蛋白酶(NP)、谷氨酰胺合成酶(GS)、谷氨酸合成酶(GOGTA)、谷草转氨酶(GOT)和谷丙转氨酶(GPT)活性采用相关试剂盒(苏州科铭生物技术有限公司，苏州)测定。

3.1.4　统计分析

方差分析通过 SPSS 22.0(SPSS Inc.，Chicago，IL，USA)软件完成。早稻和晚稻籽粒品质、粗蛋白和蛋白组分含量采用增温(W)、品种(C)和年份(Y)三因素进行方差分析。

3.2　结果分析

>>>

3.2.1　加工和外观品质

增温显著降低了早稻精米率和整精米率，显著提高了早稻垩白粒率和垩白度，对早稻出糙率没有显著影响(表 3−1)。相比于不增温，增温处理下，早稻精米率降低了 1.8 个百分点，整精米率降低了 3.7%，而垩白粒率和垩白度分别提高了 7.8% 和 4.1 个百分点。优质品种和常规高产品种早稻的加工品质和外观品质存在显著差异。相比于湘早籼 45 号，中嘉早 17 的出糙率、精米率、整精米率、垩白粒率和垩白度分别提高了 0.8%、1.9%、8.5%、19.7% 和 3.7 个百分点。早稻稻米品质在不同年份间存在显著差异。与 2021 年相比，2022 年早稻出糙率和精米率分别降低了 1.6 和 6.1 个百分点，垩白粒率和垩白度分别降低了 14.1 和 5.6 个百分点。增温和品种对早稻垩白粒率和垩白度有显著互作效应(图 3−1)。增温对湘早籼 45 号的垩白粒率无显著影响，但显著提高了其垩白度(11.7 个百分点)。对于中嘉早 17，增温导致其垩白粒率和垩白度分别提高 1.7 和 6.6 个百分点。增温和年份对早稻精米率和整精米率有显著互作效应(图 3−2)。增温对 2021 年早稻精米率和整精米率没有显著影响，但显著降低了 2022 年早稻精米率和整精米率，降幅分别为 4.4 和 9.2 个百分点。

增温显著提高了晚稻出糙率、垩白粒率和垩白度，对其精米率和整精米率无显著影响(表 3−2)。与不增温相比，增温使晚稻出糙率提高了 0.7 个百分点，垩白粒率和垩白度分别提高了 6.5 和 2.5 个百分点。不同品种晚稻加工品质和外观品质存在显著差异。相比于天优华占，万象优华占的出糙率、垩白粒率和垩白度分别降低 0.5、5.1 和 1.4 个百分点，精米率和整精米率增加 4.6 和 8.9 个百分点。不同年份的晚稻除 2022 年垩白粒率较 2021 年增加 3.1 个百分点外，加工和外观品质均无显著差异。

表 3-1　增温对早稻加工和外观品质的影响

		出糙率 /%	精米率 /%	整精米率 /%	垩白粒率 /%	垩白度 /%
增温 W^a	不增温	81.5	69.3	60.4	37.6	12.1
	增温	81.9	67.5**	56.7**	45.4**	16.2**
品种 C^b	湘早籼 45 号	81.3	67.5	54.3	31.6	12.3
	中嘉早 17	82.1**	69.4**	62.8**	51.3**	16.0**
年份 Y^c	2021	82.5	71.5	59.4	48.5	16.9
	2022	80.9**	65.4**	57.6	34.4**	11.3**
F 值	$W×C$	1.62	0.00	2.95	16.1**	37.0**
	$W×Y$	1.54	25.2**	21.8**	2.55	0.15
	$C×Y$	0.14	0.37	6.91*	26.7**	0.01
	$W×C×Y$	0.02	3.99	1.69	0.65	0.72

注：* 和 ** 分别表示在 $P<0.05$ 和 $P<0.01$ 水平差异显著。

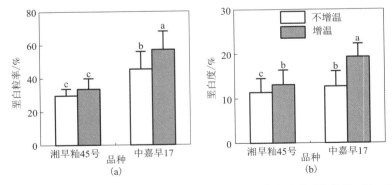

注：增温和品种（$W×C$）对早稻垩白粒率（a）和垩白度（b）存在显著互作效应。同一柱形图中不同小写字母表示在 $P<0.05$ 水平差异显著。数据为两年的平均值，误差棒表示平均值的标准差（$n=3$）。

图 3-1　增温对早稻垩白粒率和垩白度的影响

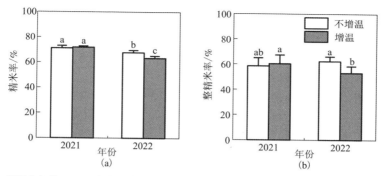

注：增温和年份（$W×Y$）对早稻精米率（a）和整精米率（b）存在显著互作效应。同一柱形图中不同小写字母表示在 $P<0.05$ 水平差异显著。数据为不同品种的平均值，误差棒表示平均值的标准差（$n=3$）。

图 3-2　增温对早稻精米率和整精米率的影响

表 3-2　增温对晚稻加工和外观品质的影响

		出糙率/%	精米率/%	整精米率/%	垩白粒率/%	垩白度/%
增温 W^a	不增温	80.8	64.1	53.8	17.3	4.92
	增温	81.5**	63.9	51.7	23.8**	7.46**
品种 C^b	万象优华占	80.9	66.3	57.2	18.0	5.50
	天优华占	81.4**	61.7**	48.3**	23.1**	6.88**
年份 Y^c	2021	81.2	64.0	53.4	19.0	6.18
	2022	81.1	63.9	52.1	22.1**	6.2
F 值	$W×C$	2.68	1.48	0.16	0.30	0.28
	$W×Y$	3.05	10.9**	0.06	0.15	0.58
	$C×Y$	1.71	1.87	6.01*	64.1**	60.2**
	$W×C×Y$	1.27	0.03	2.25	0.11	0.01

注：* 和 ** 分别表示在 $P<0.05$ 和 $P<0.01$ 水平差异显著。

3.2.2　直链淀粉含量和米粉 RVA 谱特征值

由表 3-3 可知，增温显著影响早稻直链淀粉含量和米粉糊化温度，对早稻米粉其他 RVA 谱特征值无显著影响。与不增温处理相比，增温处理下，早稻直链淀粉含量降低了 1.2 个百分点，米粉糊化温度升高了 1.4℃。不同品种早稻直链淀粉含量和米粉 RVA 谱特征值存在显著差异。与中嘉早 17 相比，湘早籼 45 号的直链淀粉含量降低了 10.8 个百分点，峰值黏度和崩解值分别增加了 1.7% 和

40.9%，热浆黏度、最终黏度、消减值和糊化温度分别降低了 17.0%、23.7%、176% 和 4.4 ℃。早稻直链淀粉含量和米粉 RVA 谱特征值在不同年份之间存在显著差异。相比于 2021 年，2022 年早稻直链淀粉含量增加 4.0 个百分点，米粉峰值黏度、崩解值和最终黏度分别增加了 4.8%、18.2% 和 3.0%，糊化温度降低了 1.2 ℃。增温、品种和年份对早稻米粉糊化温度的影响存在显著互作效应（图3-3）。2021 年，增温导致湘早籼 45 号和中嘉早 17 的米粉糊化温度显著升高，增幅分别为 1.1 ℃和 2.4 ℃；2022 年，增温显著提高了湘早籼 45 号米粉糊化温度（+1.3 ℃），但对中嘉早 17 米粉糊化温度没有显著影响。

从两年平均来看，增温对晚稻直链淀粉含量没有显著影响，但显著影响晚稻米粉 RVA 谱特征值（表3-4）。与不增温处理比较，增温处理下，晚稻米粉最终黏度和消减值分别降低 3.7% 和 17.8%，糊化温度升高 0.8 ℃。两个品种晚稻直链淀粉含量和米粉 RVA 谱特征值存在显著差异。相比于天优华占，万象优华占直链淀粉含量降低 7.9 个百分点，米粉峰值黏度、崩解值和糊化温度分别增加 8.6%、64.4% 和 1.4 ℃，而热浆黏度、最终黏度和消减值分别降低 25.5%、27.9% 和 1155%。2021 年和 2022 年晚稻的直链淀粉含量没有显著差异。与 2021 年相比，2022 年晚稻米粉峰值黏度、热浆黏度、崩解值和糊化温度均显著降低，降幅分别为 12.8%、9.6%、15.0% 和 1.6 ℃，而消减值增加 6.4%。

表 3-3 增温对早稻直链淀粉含量和 RVA 谱特征值的影响

		直链淀粉含量 /%	峰值黏度 /cP	热浆黏度 /cP	崩解值 /cP	最终黏度 /cP	消减值 /cP	糊化温度 /℃
增温(W)[a]	不增温	22.4	3772	2308	1464	3874	101.8	78.3
	增温	21.2**	3815	2351	1465	3865	49.1	79.7**
品种(C)[b]	湘早籼 45 号	16.4	3825	2112	1713	3349	−475.7	76.8
	中嘉早 17	27.2**	3762*	2546**	1216**	4389**	626.6**	81.2**
年份(Y)[c]	2021	19.8	3705	2363	1342	3812	106.6	79.6
	2022	23.8**	3882**	2296	1586**	3926**	44.2	78.4**
F 值	$W×C$	3.0	0.4	1.4	1.1	3.3	1.9	0.4
	$W×Y$	0.01	7.1*	0.04	5.3*	2.4	0.6	3.2
	$C×Y$	6.5*	0.8	1.2	0.5	32.4**	28.6**	0.0
	$W×C×Y$	4.5	0.6	4.8*	5.3*	7.6*	5.1*	5.5*

注：* 和 ** 分别表示在 $P<0.05$ 和 $P<0.01$ 水平差异显著。

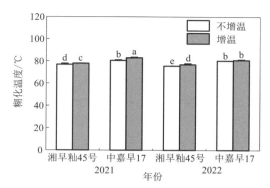

注：增温、品种和年份（$W×C×Y$）对早稻米粉糊化温度存在显著
互作效应。同一柱形图中不同小写字母表示在 $P<0.05$ 水平差
异显著。误差棒表示平均值的标准差（$n=3$）。

图 3-3　增温对早稻米粉糊化温度的影响

表 3-4　增温对晚稻直链淀粉含量和 RVA 谱特征值的影响

		直链淀粉/%	峰值黏度/cP	热浆黏度/cP	崩解值/cP	最终黏度/cP	消减值/cP	糊化温度e/℃
增温（W）[a]	不增温	20.4	3349	1724	1625	2885	−460	82.6
	增温	20.6	3334	1680	1632	2778**	−542**	83.4**
品种（C）[b]	万象优华占	16.5	3479	1454	2025	2373	−1108	83.7
	天优华占	24.4**	3204**	1951**	1232**	3290**	105**	82.3**
年份（Y）[c]	2021	20.5	3570	1788	1761	2840	−737	83.8
	2022	20.4	3112**	1616**	1496**	2823	−266**	82.2**
F 值	$W×C$	0.66	0.54	2.33	0.51	2.17	0.17	0.25
	$W×Y$	1.06	4.6*	1.07	0.58	1.55	0	0.01
	$C×Y$	0.9	0.66	6.18*	1.45	11.0**	18.4**	0.22
	$W×C×Y$	2.83	0.74	1.78	3.79	0.15	0.02	2.62

注：* 和 ** 分别表示在 $P<0.05$ 和 $P<0.01$ 水平差异显著。

3.2.3 籽粒粗蛋白含量

增温对早稻和晚稻籽粒粗蛋白含量的影响如表 3-5 所示。增温显著增加早稻和晚稻糙米及精米中的粗蛋白含量。与不增温相比，在增温处理下，早稻糙米粗蛋白含量提高了 0.7 个百分点，精米中粗蛋白含量提高了 0.8 个百分点；晚稻糙米的粗蛋白含量提高了 0.4 个百分点，精米粗蛋白含量提高了 7.6%。相比于优质稻，常规稻籽粒粗蛋白含量更低。中嘉早 17 糙米和精米中粗蛋白含量分别比湘早籼 45 号低 0.9 和 0.8 个百分点。对于晚稻而言，天优华占精米中粗蛋白含量较万象优华占低 0.3 个百分点。增温对晚稻糙米粗蛋白含量的影响在品种间存在显著差异 [表 3-5 和图 3-4(a)]。与不增温相比，增温处理下万象优华占糙米粗蛋白含量提高了 0.8 个百分点，而天优华占糙米粗蛋白含量增加不显著。此外，增温与年份对晚稻精米粗蛋白含量具有显著互作效应 [表 3-5 和图 3-4(b)]。增温显著提高了 2021 年晚稻精米的粗蛋白含量，而对 2022 年晚稻精米粗蛋白含量无显著影响。

表 3-5　增温对双季稻糙米和精米粗蛋白含量的影响

		早稻		晚稻	
		糙米粗蛋白含量/%	精米粗蛋白含量/%	糙米粗蛋白含量/%	精米粗蛋白含量/%
增温(W)[a]	不增温	7.6	6.9	6.4	5.1
	增温	8.3**	7.7**	6.8**	5.5**
品种(早稻/晚稻)(C)[b]	湘早籼 45 号/万象优华占	8.4	7.7	6.5	5.5
	中嘉早 17/天优华占	7.5**	6.9**	6.7	5.2**
年份(Y)[c]	2021	8.3	7.9	7.0	5.8
	2022	7.6**	6.7**	6.2**	4.9**
F 值	$W \times C$	2.0	0.7	5.6*	1.2
	$W \times Y$	0.5	3.4	0.0	7.4*
	$C \times Y$	2.5	0.2	19.6**	5.4*

注：* 和 ** 分别表示在 $P<0.05$ 和 $P<0.01$ 水平差异显著。增温、品种和年份($W \times C \times Y$)对所有变量均无互作效应。a：不同品种和年份的平均值。b：不同处理和年份的平均值。c：不同处理和品种的平均值。

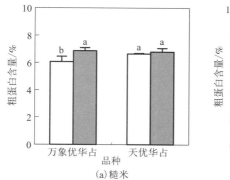
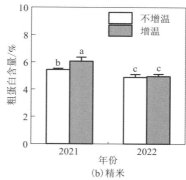

注：增温和品种（$W \times C$）对晚稻糙米粗蛋白（a）有显著互作效应；增温和年份（$W \times Y$）对晚稻精米粗蛋白含量有显著互作效应（b）。同一柱形图中不同小写字母表示在 $P < 0.05$ 水平差异显著。图中数据为不同年份（a）或不同品种（b）的平均值。误差棒表示平均值的标准差（$n = 3$）。

图 3-4 增温对晚稻粗蛋白含量的影响

3.2.4 稻米蛋白组分

早、晚稻糙米和精米中各蛋白组分含量如表 3-6 和表 3-7 所示。由表可知，除糙米的清蛋白含量显著降低外，早稻糙米和精米中各蛋白组分在增温处理下均呈增加趋势（表 3-6）。与不增温相比，增温使早稻糙米的醇溶蛋白和谷蛋白含量分别提高了 30.5% 和 14.4%，精米清蛋白、球蛋白和谷蛋白含量分别提高了 16.7%、2.9% 和 26.1%。不同品种早稻稻米蛋白组分含量有显著差异。湘早籼 45 号糙米和精米中的各蛋白组分含量均高于中嘉早 17，且除精米清蛋白和球蛋白含量外，增幅均达到显著水平（$P < 0.05$）。增温对早稻糙米醇溶蛋白含量的影响在品种间存在差异［图 3-5（a）］。对于湘早籼 45 号来说，增温使其糙米中醇溶蛋白含量显著提高，增幅为 48.6%。而对于中嘉早 17 来说，增温导致的糙米醇溶蛋白含量提升不显著。增温对 2021 年和 2022 年早稻稻米蛋白组分含量的影响也存在显著差异［图 3-5（b）和（c）］。在增温处理下，2021 年早稻糙米的谷蛋白含量比不增温增加 25.3%，而 2022 年增加不显著。同样，增温导致早稻精米中清蛋白含量在 2021 年比不增温增加了 26.3%，而在第二年无显著差异。增温、品种和年份三因素对早稻糙米的清蛋白以及精米的球蛋白和谷蛋白含量有显著互作效应（图 3-6）。与不增温相比，在增温处理下，湘早籼 45 号的糙米清蛋白和精米中球蛋白含量在 2021 年分别显著降低（-31.4%）和升高（+10.6%），二者在 2022 年均无显著差异，而中嘉早 17 的糙米清蛋白和精米球蛋白含量在 2021 年和 2022 年均无显著差异［图 3-6（a）和（b）］。对于两个品种来说，2021 年和 2022 年增温处理均导致精米中谷蛋白含量增加［图 3-6（c）］，且除 2022 年中嘉早 17 外，增幅均达到显著水平（$P < 0.05$）。

表3-6 增温对早稻糙米和精米蛋白组分含量的影响

		糙米				精米			
		清蛋白 /(mg·g⁻¹)	球蛋白 /(mg·g⁻¹)	醇溶蛋白 /(mg·g⁻¹)	谷蛋白 /(mg·g⁻¹)	清蛋白 /(mg·g⁻¹)	球蛋白 /(mg·g⁻¹)	醇溶蛋白 /(mg·g⁻¹)	谷蛋白 /(mg·g⁻¹)
增温(W)[a]	不增温	8.4	5.2	2.2	26.1	1.8	3.5	2.6	23.8
	增温	7.7**	5.4	2.8*	29.8**	2.1*	3.6*	2.8	30.0**
品种(C)[b]	湘早籼45号	8.8	5.5	2.8	32.3	1.9	3.6	2.9	30.0
	中嘉早17	7.3**	5.0**	2.2**	23.7**	1.9	3.5	2.5*	23.7**
年份(Y)[c]	2021	9.5	5.0	2.6	29.6	3.0	4.1	2.8	34.2
	2022	6.6**	5.6**	2.4	26.3**	0.9**	3.0**	2.5	19.5**
F值	$W{\times}C$	17.5**	0.1	11.5**	0.4	3.8	0.5	1.1	4.5
	$W{\times}Y$	27.5**	0.0	1.8	14.1**	14.6**	6.5*	2.4	0.0
	$C{\times}Y$	3.4	9.4**	42.7**	72.6**	0.4	0.0	0.0	89.8**
	$W{\times}C{\times}Y$	22.2**	0.5	0.2	0.8	0.1	5.9*	1.0	15.3**

注：*和**分别表示在$P<0.05$和$P<0.01$水平差异显著。a：不同品种和年份的平均值。b：不同处理和年份的平均值。c：不同处理和品种的平均值。

表 3-7 增温对晚稻稻米和精米蛋白组分含量的影响

		糙米				精米			
		清蛋白 /(mg·g⁻¹)	球蛋白 /(mg·g⁻¹)	醇溶蛋白 /(mg·g⁻¹)	谷蛋白 /(mg·g⁻¹)	清蛋白 /(mg·g⁻¹)	球蛋白 /(mg·g⁻¹)	醇溶蛋白 /(mg·g⁻¹)	谷蛋白 /(mg·g⁻¹)
增温(W)[a]	不增温	7.3	4.9	2.9	27.9	1.4	3.2	3.2	25.4
	增温	6.5**	5.1*	3.3*	29.5	1.4	3.5	3.4*	28.8*
品种(C)[b]	万象优华占	7.4	5.0	3.1	26.5	1.6	3.5	3.4	21.7
	天优华占	6.4**	5.0	3.1	30.9**	1.3**	3.3	3.2*	32.5*
年份(Y)[c]	2021	8.4	5.9	4.2	22.0	1.9	4.2	4.3	29.3
	2022	5.4**	4.1**	2.0**	35.4**	0.9**	2.6**	2.3**	24.9**
F 值	$W{\times}C$	0.0	11.8**	0.8	1.5	10.5**	0.8	1.2	4.4
	$W{\times}Y$	19.0**	1.2	4.0	17.7**	6.5*	16.2**	2.2	1.1
	$C{\times}Y$	0.4	0.0	44.9**	53.8**	2.8	0.2	2.4	10.6**
	$W{\times}C{\times}Y$	4.0	13.4**	0.8	1.6	0.1	0.1	0.8	12.2**

注：* 和 ** 分别表示在 $P<0.05$ 和 $P<0.01$ 水平差异显著。a：不同品种和年份的平均值。b：不同处理和年份的平均值。c：不同处理和品种的平均值。

35

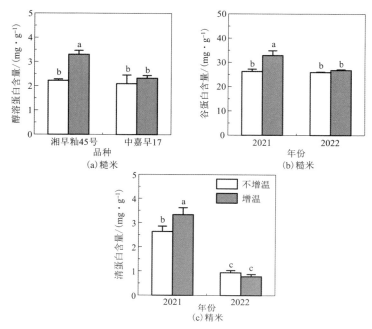

注：增温和品种（$W\times C$）对早稻糙米醇溶蛋白含量（a）有显著互作效应；增温和年份（$W\times Y$）对糙米谷蛋白含量（b）和精米清蛋白含量（c）具有显著互作效应。同一柱形图中不同小写字母表示在 $P<0.05$ 水平差异显著。柱形图数据为不同年份（a）或不同品种（b，c）的平均值。误差棒表示平均值的标准差（$n=3$）。

图 3-5　增温对早稻籽粒蛋白组分含量的影响

晚稻糙米和精米中各蛋白组分含量对增温的响应与早稻相似（表 3-7）。增温显著降低晚稻糙米清蛋白含量，而提高糙米中其余蛋白组分含量和精米中各蛋白组分含量。与不增温相比，增温处理下晚稻糙米的清蛋白含量降低了 11.0%，球蛋白和醇溶蛋白含量分别增加了 4.1% 和 13.8%；精米的醇溶蛋白和谷蛋白含量分别增加了 6.3% 和 13.4%。不同品种的蛋白组分含量存在差异。天优华占糙米和精米中的清蛋白含量比万象优华占分别低 13.5% 和 18.8%，而谷蛋白含量分别比万象优华占高 16.6% 和 49.8%。增温对晚稻糙米清蛋白含量的影响在年际间存在显著差异（图 3-7）。2021 年，增温导致晚稻糙米清蛋白含量显著降低了 16.9%，而 2022 年增温对其影响不显著。增温、品种和年份对晚稻糙米球蛋白含量和精米谷蛋白含量有显著互作效应（图 3-8）。在增温处理下，2021 年万象优华占糙米的球蛋白含量没有显著差异，而天优华占中显著增加了 20.8%；2022 年两个品种的糙米球蛋白均无显著变化。无论 2021 年还是 2022 年，增温均提高了万象优华占精米中的谷蛋白含量，而天优华占的精米谷蛋白在 2021 年显著增加，2022 年显著降低。

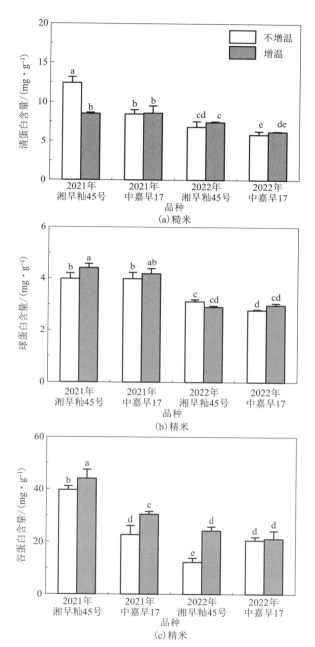

(a) 糙米

(b) 精米

(c) 精米

注：增温、品种和年份（$W \times C \times Y$）对早稻糙米清蛋白含量（a）、精米球蛋白（b）和谷蛋白含量（c）有显著互作效应。同一柱形图中不同小写字母表示在 $P < 0.05$ 水平差异显著。误差棒表示平均值的标准差（$n = 3$）。

图 3-6　增温对 2021 年和 2022 年不同品种早稻蛋白组分含量的影响

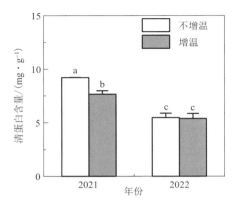

注：增温和年份(W×Y)对晚稻糙米清蛋白含量具有显著互作效应。图中不同小写字母表示在 P<0.05 水平差异显著。数据为不同品种的平均值。误差棒表示平均值的标准差(n=3)。

图 3-7　增温对晚稻糙米清蛋白含量的影响

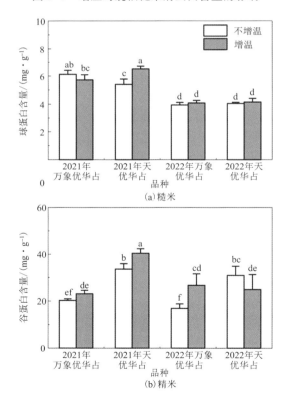

注：增温、品种和年份(W×C×Y)对晚稻糙米球蛋白(a)和精米谷蛋白(b)含量具有显著互作效应。同一柱形图中不同小写字母表示在 P<0.05 水平差异显著。误差棒表示平均值的标准差(n=3)。

图 3-8　增温对晚稻蛋白组分含量的影响

3.2.5 蛋白酶(NP)活性

由图 3-9 可知,在早稻抽穗后 5~25 天,不增温和增温处理的籽粒 NP 活性变化趋势一致,均呈逐渐升高趋势。与不增温相比,在增温处理下,籽粒 NP 活性发生显著变化。对于湘早籼 45 号,2021 年增温低了其抽穗后 15 天和 25 天籽粒 NP 活性,2022 年增温处理下籽粒 NP 活性在抽穗后基本一直低于不增温,但在抽穗后 15 天变化不显著。增温对中嘉早 17 抽穗后籽粒 NP 活性的影响与湘早籼 45 号相比存在差异。2021 年增温显著降低中嘉早 17 抽穗后 5~25 天籽粒 NP 活性,而 2022 年增温对其影响不显著。

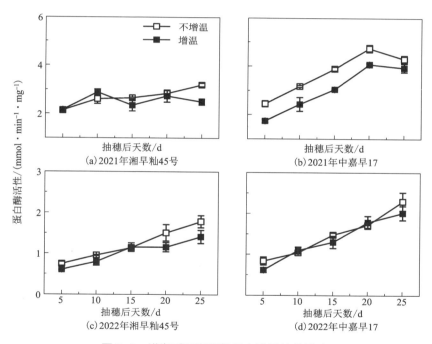

图 3-9 增温对早稻籽粒蛋白酶活性的影响

晚稻抽穗后籽粒 NP 活性变化趋势与早稻不同,且两个品种及不同年份之间存在差异(图 3-10)。对于万象优华占,2021 年表现为先上升后趋稳定,2022 年前期较为平稳,后期逐渐升高;天优华占 2021 年前期逐渐升高,在抽穗后 15 天籽粒 NP 活性最高,随后下降,而 2022 年表现为逐渐升高趋势。增温显著改变了晚稻籽粒 NP 活性，但总体变化趋势与不增温处理下基本一致。2021 年，增温显著降低了万象优华占抽穗后 15 天、22 天和 29 天籽粒 NP 活性，同时降低了天优华占抽穗后 15 天籽粒 NP 活性。2022 年增温对两个品种 NP 活性的影响与2021 年相反。增温提高了万象优华占抽穗后 5~22 天、天优华占抽穗后 5 天和10 天的籽粒 NP 活性。

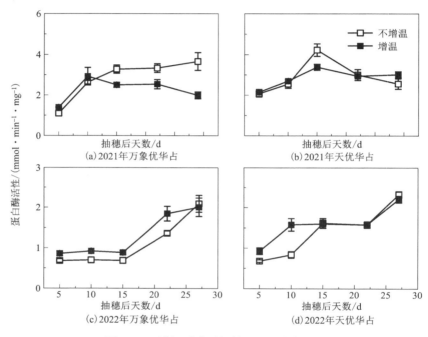

图 3-10 增温对晚稻籽粒 NP 活性的影响

3.2.6 谷氨酰胺合成酶(GS)活性

如图 3-11 所示，早稻抽穗后籽粒中 GS 活性变化趋势因品种而异。在不增温和增温处理下，湘早籼 45 号籽粒 GS 活性表现均为先降低后升高，且两年趋势基本一致。增温显著提高了湘早籼 45 号抽穗后 15 天、20 天和 25 天籽粒 GS 活性，而不影响抽穗后 5 天和 10 天籽粒 GS 活性。对于中嘉早 17，增温显著改变抽穗后籽粒 GS 活性的变化趋势，且两年表现基本一致。在不增温处理下，籽粒 GS 活性先降低后趋于稳定，而在增温处理下则表现为先上升后下降，最后趋于稳定。增温处理下，中嘉早 17 抽穗后 5 天籽粒 GS 活性低于不增温处理，但抽穗后 10 天籽粒 GS 活性提高且高于不增温处理。在抽穗 15 天之后，中嘉早 17 籽粒 GS 活性几乎不再变化，2021 年总体上表现为增温处理高于不增温处理，而 2022 年增温处理与不增温处理没有显著差异。

晚稻抽穗期籽粒 GS 活性变化与早稻之间存在差异，增温显著改变了两个品种籽粒 GS 活性(图 3-12)。对于万象优华占来说，2021 年，不增温处理下籽粒 GS 活性先降低后升高；增温处理下，抽穗后 10 天籽粒 GS 活性提高，在 15 天下降，在 22 天时又升高，而后趋于稳定。总体来看，增温提高了其抽穗后 10 天、15 天和 22 天籽粒 GS 活性。2022 年，万象优华占在不增温处理下籽粒 GS 活性无明显变化趋势，而在抽穗后 29 天升高；增温处理下，籽粒 GS 活性先降低后升高，在抽穗后 15 天活性最低。增温显著提高了抽穗后 5 天、10 天、22 天和 29 天籽粒 GS 活性。与万象优华占不同，天优华占抽穗期籽粒 GS 活性呈先升高后降低的趋势。2021 年，在增温处理下，天优华占抽穗后 10 天和 15 天籽粒 GS 活性显著提高，于抽穗后 15 天达到最高，而后逐渐下降，在抽穗后 29 天低于不增温处理。2022 年，在不增温和增温处理下，天优华占籽粒 GS 活性分别在抽穗后 15 天和 10 天达到最高，然后均呈逐渐下降趋势。在抽穗后 15 天，增温处理的籽粒 GS 活性显著低于不增温处理。

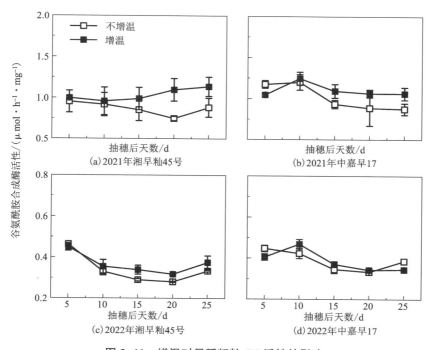

图 3-11　增温对早稻籽粒 GS 活性的影响

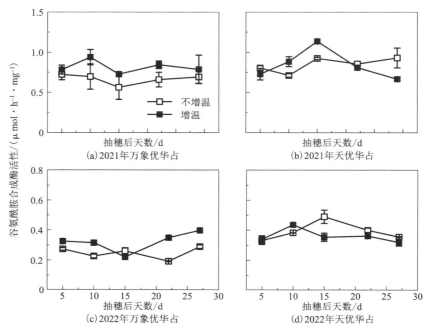

图 3-12 增温对晚稻籽粒 GS 活性的影响

3.2.7 谷氨酸合成酶(GOGAT)活性

增温显著影响早稻和晚稻籽粒 GOGAT 活性(图 3-13 和图 3-14)。不同品种之间籽粒 GOGAT 活性的变化趋势不一致,且不同年份之间也存在差异。对于早稻,2021 年不增温处理下,湘早籼 45 号籽粒 GOGAT 活性在抽穗后 5~20 天内逐渐降低,第 25 天出现上升趋势;增温处理降低了抽穗后 5 天、10 天和 15 天籽粒 GOGAT 活性,而提高了抽穗后 20 天和 25 天籽粒 GOGAT 活性。2022 年不增温处理下,湘早籼 45 号籽粒的 GOGAT 活性变化趋势与 2021 年基本一致,抽穗后 5~20 天逐渐降低,25 天出现升高趋势;增温处理下,湘早籼 45 号籽粒 GOGAT 活性显著提高,在花后 10 天达到最高。对于中嘉早 17,2021 年不增温处理下,籽粒 GOGAT 活性在抽穗后 5~15 天逐渐升高,而后迅速下降。增温显著降低了中嘉早 17 抽穗后 5 天、10 天和 15 天籽粒 GOGAT 活性,提高了花后 25 天籽粒 GOGAT 活性[图 3-13(a)和(c)]。而 2022 年中嘉早 17 籽粒 GOGAT 活性在不增温和增温处理下均表现为先上升后下降再上升,增温显著提高了抽穗后 5 天和 25 籽粒的 GOGAT 活性。

如图 3-14 所示，增温显著影响晚稻抽穗期籽粒 GOGAT 活性。不同品种和年份之间籽粒 GOGAT 活性存在较大差异。对于万象优华占，2021 年增温对抽穗后 5 天和 10 天籽粒 GOGAT 活性无显著影响，降低了抽穗后 15 天籽粒 GOGAT 活性，提高了抽穗后 29 天籽粒 GOGAT 活性。2022 年万象优华占籽粒 GOGAT 活性变化无明显趋势，增温显著提高了抽穗后 10 天、22 天和 29 天籽粒 GOGAT 活性。对于天优华占，不增温处理下，籽粒 GOGAT 活性先上升后下降，抽穗后 15 天籽粒 GOGAT 活性最高。增温处理下，籽粒 GOGAT 活性变化趋势较为稳定，在花后 5 天和 27 天显著高于不增温，而花后 15 天显著低于不增温处理。2022 年天优华占籽粒 GOGAT 活性在不增温和增温处理下均先升高后降低，增温显著提高了花后 10 天籽粒 GOGAT 活性，降低了花后 15 天、22 天和 29 天籽粒 GOGAT 活性。

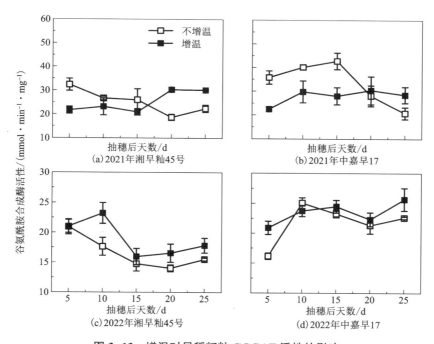

图 3-13　增温对早稻籽粒 GOGAT 活性的影响

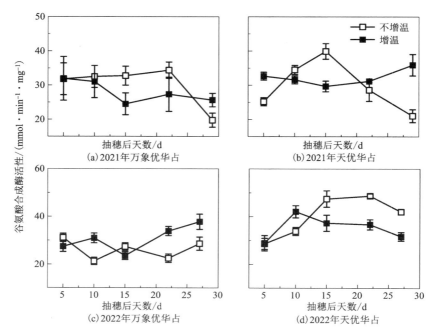

图 3-14 增温对晚稻籽粒 GOGAT 活性的影响

3.2.8 谷草转氨酶(GOT)活性

如图 3-15 所示，早稻抽穗后 5~25 天籽粒 GOT 活性呈逐渐升高趋势，但 2021 年中嘉早 17 在抽穗后 25 天出现下降。增温和不增温处理下籽粒 GOT 活性趋势基本一致。两年试验中，湘早籼 45 号花后 5~25 天籽粒 GOT 活性在增温处理下均呈升高趋势。增温提高了中嘉早 17 抽穗后 10~20 天籽粒 GOT 活性，而抽穗后 25 天籽粒 GOT 活性有降低趋势。

晚稻籽粒 GOT 活性变化与早稻相似，在抽穗后 5~25 天表现为先升高而后趋于平稳或出现轻微的降低(图 3-16)。增温处理与不增温处理趋势基本一致。对万象优华占来说，两年增温的影响一致，均显著提高了抽穗后 10~29 天籽粒 GOT 活性。增温对天优华占籽粒 GOT 活性的影响与万象优华占不一致。在增温处理下，抽穗后 5 天和 10 天籽粒 GOT 活性显著高于不增温，而在 15 天及以后与不增温相比无显著差异。

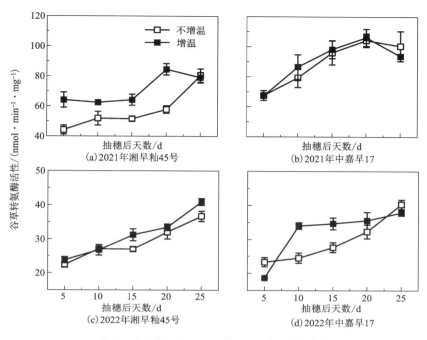

图 3-15　增温对早稻籽粒 GOT 活性的影响

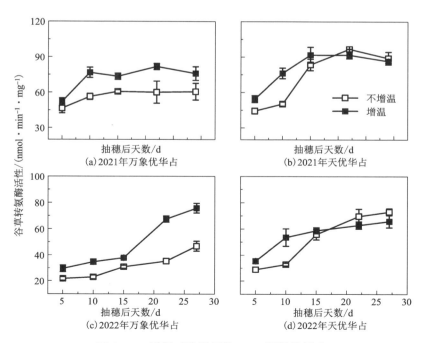

图 3-16　增温对晚稻籽粒 GOT 活性的影响

3.2.9 谷丙转氨酶(GPT)活性

由图 3-17 和图 3-18 可以看出,早稻和晚稻籽粒 GPT 活性变化趋势与籽粒 GOT 活性相似。早稻籽粒 GPT 活性在抽穗后 5～25 天表现出逐渐升高趋势。总体来看,增温显著提高了籽粒 GPT 活性,不同品种和年份之间存在差异。对于湘早籼 45,2021 年增温处理下,抽穗后 5 天、10 天和 20 天籽粒 GPT 活性相比于不增温显著提高;2022 年增温与不增温差异不显著。对于中嘉早 17,2021 年增温显著提高了抽穗后 10 天和 25 天籽粒 GPT 活性;2022 年增温显著降低了抽穗后 5 天和 25 天籽粒 GPT 活性,提高了 10 天和 15 天籽粒 GPT 活性。

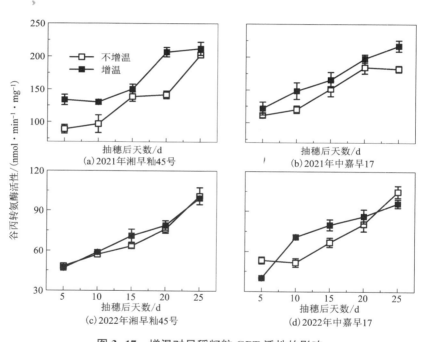

图 3-17　增温对早稻籽粒 GPT 活性的影响

晚稻籽粒 GPT 活性在抽穗后逐渐升高并趋于稳定,增温对籽粒 GPT 活性有显著的影响(图 3-18)。与不增温处理相比,2021 和 2022 年增温处理下万象优华占籽粒 GPT 活性在抽穗后 5～29 天均呈升高趋势。其中,2021 年增温显著提高万象优华占抽穗后 10 天、15 天、22 天和 29 天籽粒 GPT 活性,2022 年增温显著提高抽穗后 5 天、10 天、22 天和 29 天籽粒 GPT 活性。增温对天优华占籽粒 GPT 活性的影响在年际间存在差异。2021 年,增温显著提高了天优华占籽粒抽穗后5 天、10 天和 15 天籽粒 GPT 活性,而对抽穗后 22 天 29 天籽粒 GPT 活性无显著影响;2022 年,除了抽穗后 10 天籽粒 GPT 活性显著升高外,增温对天优华占籽粒 GPT 活性无显著影响。

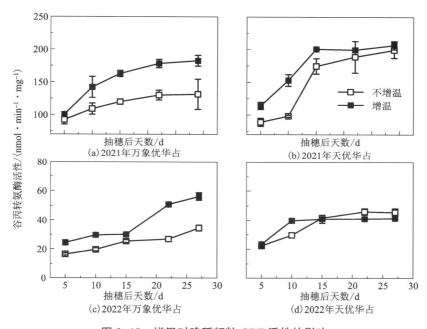

图 3-18 增温对晚稻籽粒 GPT 活性的影响

3.3 小结

增温显著增加了早、晚稻垩白粒率和垩白度,降低了早稻精米率和整精米率,对晚稻精米率和整精米率无显著影响。增温显著提高了早、晚稻糙米和精米中的粗蛋白含量。与不增温处理相比,增温处理下早稻和晚稻糙米中清蛋白含量均显著降低,球蛋白、醇溶蛋白和谷蛋白含量均呈升高趋势。其中,早稻糙米的醇溶蛋白和谷蛋白含量、晚稻糙米的球蛋白和醇溶蛋白含量增幅达到显著水平($P<0.05$)。早、晚稻精米中各蛋白组分在增温处理下均表现出增加的趋势。早稻精米的清蛋白、球蛋白和谷蛋白含量、晚稻精米的醇溶蛋白和谷蛋白含量增幅达到显著水平($P<0.05$)。增温提高了水稻灌浆期籽粒 GS、GOT 和 GPT 活性,以及灌浆后期GOGAT 活性,降低了籽粒 NP 活性,有利于籽粒蛋白质的合成与积累。

第 4 章
增温影响双季稻籽粒蛋白质含量的分子机制

水稻籽粒蛋白质的合成与代谢是一个相对复杂的过程，包括合成、转运、修饰、积累等一系列代谢过程，环境参与的调控机制可能涉及多个方面[54]。水稻籽粒蛋白质基因的表达必须受到细胞核内各种转录因子的调控才能维持较高的表达水平[55]。研究表明，增温对水稻籽粒发育不同时期贮藏蛋白质相关调控因子的表达会产生明显的上调或下调作用[56]，表明增温可能通过影响 RNA 识别基序结构域、真核起始因子和延伸因子，干扰翻译过程，对水稻蛋白质的合成造成不利影响[56]。此外，分子伴侣热休克蛋白在高温下会发生显著上调，从而影响蛋白质的合成[57]。但目前关于气候变暖调控双季稻籽粒蛋白质积累的分子机制尚不清楚。因此，本研究通过对灌浆期水稻籽粒进行转录组学分析，揭示增温对双季稻蛋白质积累的分子调控机制。

4.1　材料与方法

4.1.1　试验地概况

同第 1 章 1.1.1 试验地概况。

4.1.2　试验设计

同第 1 章 1.1.2 试验设计。

4.1.3　测定指标

水稻籽粒 mRNA 测序：于抽穗后 20 天，在各小区取标记稻穗 2 穗剪下并脱粒，液氮速冻后于-80 ℃超低温冰箱中保存待测。

4.1.3.1　总 RNA 提取

取-80 ℃冷冻保存的籽粒 50~100 mg 于研钵中，加入液氮快速研磨成粉末状，利用 Plant RNA Purification Reagent（Inc.，California，USA）试剂并按照说明书提取总 RNA。利用 Nanodrop2000 对提取的 RNA 进行浓度和纯度检验，并通过 1%琼脂糖凝胶电泳检测 RNA 完整性，采用 Agilent2100 测定 RIN 值。

4.1.3.2　mRNA 富集、cDNA 文库构建和转录组测序

利用带有 Oligo（dT）的磁珠与 ployA 进行 A-T 碱基配对，从总 RNA 中富集分离出 mRNA，并利用 Fragmentation Buffer 将富集的 mRNA 进行随机片段化。通过反转录酶作用以 mRNA 为模板合成单链 cDNA，随后进行双链合成，形成稳定的双链结构。然后，加入 End Repair Mix 将双链 cDNA 的黏性末端补成平端，并在3′末端加上 A 碱基，用于连接 Y 字形接头（adaptor）。在连接 adaptor 后进行产物的纯化和片段分选，利用分选产物进行 PCR 扩增、纯化以构建文库。最后利用 Illumina NovaSeq 6000（Illumina Inc.，USA）平台进行上机测序。本试验 mRNA 的富集、cDNA 的文库构建和真核有参转录组测序均委托上海美吉生物医药科技有限公司（中国）完成。

4.1.3.3　qRT-PCR 验证

PCR 验证实验所用样本采用与转录组测序实验同一批 RNA 样品。反转录采用 HiScript Q RT SuperMix for qPCR（+gDNA wiper）试剂盒（南京诺唯赞生物科技股份有限公司，中国）并根据说明进行。qRT-PCR 反应采用 ChamQ SYBR Color qPCR Master Mix（2X）试剂盒（南京诺唯赞生物科技股份有限公司，中国），使用定量 PCR 仪（ABI 7300 型实时荧光定量 PCR 仪，Applied Biosystems，美国）进行。

4.1.4　统计分析

4.1.4.1　原始测序数据统计和质控

对测序得到的原始数据进行碱基分布和质量波动的统计，并利用 fastp 软件

对原始测序数据进行过滤,得到高质量的测序数据。具体过滤步骤如下:首先,去除读段(reads)中的接头序列,以及由于接头自连等没有插入片段的 reads。然后,将序列末端质量值小于 20 的碱基修剪掉,若剩余序列中仍然有质量值小于 10 的碱基,则将整条序列剔除,否则保留。最后,去除含 N(模块碱基)的 reads 并舍弃去 adapter 及质量修剪后长度小于 30 bp 的序列。

4.1.4.2 比对参考基因组

将质控后的测序数据与参考基因组进行比对,得到比对后的数据(mapped data),用于后续转录本组装和表达量计算。

4.1.4.3 基因表达量和差异基因表达分析

使用 RSEM 软件对基因表达水平进行定量分析,以 TPM(transcripts per million reads),即每百万条读段中来自某转录本的读段数,来衡量差异表达基因(differentially expressed genes, DEGs)的表达水平。采用 DESeq2 软件分析 DEGs,将表达量倍数变化(fold change, FC)上调或下调 2 倍以上,即 FC>2 或 FC<0.5,且矫正 P 值(P-adjust)小于 0.05 的基因筛选为 DEGs。

4.1.4.4 差异基因功能注释和富集分析

基于 eggNOG(evolutionary genealogy of genes: Non-supervised Orthologous Groups, http://eggnog5. embl. de/#/app/home)、GO(Gene Ontology, http://www. geneontology. org/)和 KEGG(Kyoto Encyclopedia of Genes and Genomes, http://www. genome. jp/kegg)数据库,对 DEGs 分别进行 eggNOG、GO 和 KEGG 注释。使用 Goatools 和 KOBAS 软件分别进行 DEGs 的 GO 富集分析和 KEGG 通路富集分析。当 P-adjust 小于 0.05 时认为该 GO 功能或 KEGG 通路存在显著富集情况。

4.2 结果与分析

>>>

4.2.1 测序数据质量评估

如表 4-1 所示,将早、晚稻不增温和增温处理抽穗后 20 天的水稻籽粒进行 Illumina NovaSeq6000 高通量测序,共得到 1237585732 个原始测序读段(raw reads),总碱基量(raw bases)为 186. 88 Gb,平均每个样本产生了 49925108 个

reads。对所有原始测序数据进行质控后，得到 1198202598 个高质量的过滤读段（clean reads），占原始读段数的 96.82%，质控后碱基（clean bases）总量为 175.89 Gb。各样品的 clean reads 与参考基因组进行序列比对，比对率从 92.52% 到 95.02% 不等。Q20 在 97.77%~98.12%，Q30 在 93.69%~94.51%，GC 含量为 51.85%~54.4%。因此，样本测序质量合格，可继续进行后续分析。利用 StringTie 软件对 clean reads 进行 de novo 组装，总共得到 77631 个转录本，长度分布如图 4-1 所示。其中，长度>1800 bp 的转录本数量最多，为 23651 个，占总数的 30.5%；长度为 0~200 bp 的转录本数量最少，为 1743 个，占总转录本 2.2%。在长度 201~1800 bp 范围内，转录本数量随着长度增加而呈递减趋势。

表 4-1　测序数据质量分析

样本	原始读段	原始碱基 /bp	质控后读段	质控后碱基 /bp	碱基平均错误率 /%	Q20 /%	Q30 /%	GC 含量 /%
XCK-A	49033802	7404104102	47149420	7001794857	0.0255	97.77	93.69	52.19
XCK-B	44888654	6778186754	43311358	6420730689	0.0250	97.99	94.24	51.91
XCK-C	50938924	7691777524	48933508	7072239722	0.0249	97.99	94.30	52.63
XW-A	53847974	8131044074	52399528	7655457216	0.0247	98.10	94.46	51.85
XW-B	51400946	7761542846	49744590	7181584939	0.0247	98.10	94.51	52.38
XW-C	41449716	6258907116	40282424	5988537971	0.0253	97.88	93.90	51.94
ZCK-A	56350202	8508880502	54632830	8020792557	0.0250	97.96	94.17	52.65
ZCK-B	52656782	7951174082	51143992	7521565713	0.0249	98.00	94.27	52.71
ZCK-C	51668166	7801893066	49956130	7354198165	0.0251	97.95	94.16	54.4
ZW-A	49172962	7425117262	47817686	7069327329	0.0250	97.96	94.16	52.37
ZW-B	55354390	8358512890	53456988	7851020547	0.0252	97.91	94.05	53.52
ZW-C	55580806	8392701706	53438284	7842257449	0.0252	97.86	93.99	53.95
WCK-A	50404060	7611013060	48428640	7148304062	0.0253	97.86	93.93	52.43
WCK-B	47602682	7188004982	45914634	6822485559	0.0251	97.94	94.11	52.75
WCK-C	47427102	7161492402	45823776	6719075546	0.0248	98.05	94.34	52.13
WW-A	56243216	8492725616	54801336	8070004187	0.0248	98.07	94.41	52.95
WW-B	50247824	7587421424	48643092	7145848077	0.0254	97.84	93.86	52.56

续表4-1

样本	原始读段	原始碱基/bp	质控后读段	质控后碱基/bp	碱基平均错误率/%	Q20/%	Q30/%	GC含量/%
WW-C	53616238	8096051938	52355524	7653669589	0.0247	98.12	94.47	52.22
TCK-A	51898616	7836691016	50543012	7393094611	0.0248	98.05	94.33	52.49
TCK-B	50781238	7667966938	49327352	7249033675	0.0250	98.00	94.24	53.54
TCK-C	57165868	8632046068	55233904	8054818497	0.0248	98.06	94.43	53.79
TW-A	50797366	7670402266	49150656	7211504538	0.0248	98.03	94.37	54.27
TW-B	57747208	8719828408	56433664	8183443084	0.0249	98.05	94.31	53.82
TW-C	51310990	7747959490	49280270	7260014368	0.0251	97.91	94.10	53.40

注：Q20表示识别准确率99%以上的碱基的百分比；Q30表示识别准确率99.9%以上的碱基的百分比。XCK和XW分别表示湘早籼45号不增温和增温处理；ZCK和ZW分别表示中嘉早17不增温和增温处理；WCK和WW分别表示万象优华占不增温和增温处理；TCK和TW分别表示天优华占不增温和增温处理。A、B和C表示三个生物学重复。

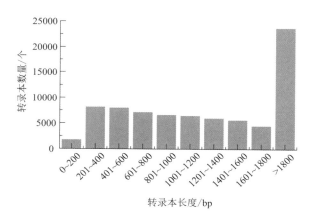

图4-1 转录本长度分布

4.2.2 序列比对分析

将水稻籽粒样品转录组测序质控后的clean reads与参考基因组比对，总共有1130945387条reads比对到基因，比对率为92.52%～95.02%（表4-2）。具有唯一比对位点的reads数为1054718193个，占总reads数的86.6%～89.5%。只有

5.1%~7.7%的 reads 比对到基因的多个位点。

表 4-2　比对结果统计

样本	总比对数 （百分比）	多位点比对数 （百分比）	唯一位点比对数 （百分比）
XCK-A	44201542（93.75%）	3020464（6.41%）	45944319（87.68%）
XCK-B	40829668（94.27%）	3316084（7.66%）	37513584（86.61%）
XCK-C	46135291（94.28%）	2582667（5.28%）	35702826（88.63%）
XW-A	49729102（94.90%）	3866999（7.08%）	39918963（87.11%）
XW-B	47144903（94.77%）	3595039（7.03%）	41181078（87.34%）
XW-C	38277276（95.02%）	2604424（5.21%）	45988475（87.84%）
ZCK-A	51761175（94.74%）	3784783（7.22%）	41748741（87.31%）
ZCK-B	48259935（94.36%）	3747780（7.53%）	43397123（87.24%）
ZCK-C	46221291（92.52%）	2574450（6.39%）	42648690（88.07%）
ZW-A	45331177（94.80%）	3582436（7.49%）	45183712（89.40%）
ZW-B	50694513（94.83%）	3655261（6.84%）	42573910（87.52%）
ZW-C	50432928（94.38%）	3391248（6.35%）	43552624（89.00%）
WCK-A	45639388（94.24%）	2990698（6.18%）	47894176（87.67%）
WCK-B	43416773（94.56%）	2575549（5.61%）	44664896（87.33%）
WCK-C	42702221（93.19%）	2783258（6.07%）	40841224（88.95%）
WW-A	51855971（94.63%）	3797222（6.93%）	48058749（87.70%）
WW-B	45927155（94.42%）	3353245（6.89%）	43655349（88.59%）
WW-C	49598996（94.73%）	3610521（6.9%）	47039252（87.99%）
TCK-A	47969263（94.91%）	2785551（5.51%）	44130882（89.47%）
TCK-B	46651574（94.58%）	2520692（5.11%）	48960795（88.64%）
TCK-C	51927619（94.01%）	2966824（5.37%）	50419492（89.34%）
TW-A	46187412（93.97%）	3146626（6.4%）	47041680（88.03%）
TW-B	53446259（94.71%）	3026767（5.36%）	43040786（87.57%）
TW-C	46603955（94.57%）	2948606（5.98%）	43616867（87.31%）

4.2.3 表达量分析和功能注释统计

4.2.3.1 表达基因的 Venn 分析

双季稻不同处理的籽粒样本平均基因表达数量如图 4-2 所示。早稻湘早籼 45 号在不增温（XCK）和增温（XW）处理下基因表达数量分别为 19644 个和 19384 个，中嘉早 17 在不增温（ZCK）和增温（ZW）处理下基因表达数量分别为 18948 个和 18570 个。XCK 和 XW 共同表达的基因有 18401 个，ZCK 和 ZW 共同表达的基因有 17665 个，早稻两个品种共同表达的基因有 16866 个。湘早籼 45 号和中嘉早 17 增温处理下各自特异表达的基因分别有 535 个和 332 个，共同特异表达的基因数为 160 个。晚稻万象优华占在不增温（WCK）和增温（WW）处理下基因表达量分别为 17570 个和 17371 个，天优华占不增温（TCK）和增温（TW）处理下基因表达量分别为 17287 个和 19562 个。WCK 和 WW 共同表达的基因有 16534 个，TCK 和 TW 共同表达的基因有 16889 个，晚稻两品种共同表达的基因有 15888 个。万象优华占和天优华占增温处理下各自特异表达的基因分别有 133 个和 1543 个，共同特异表达的基因为 380 个。

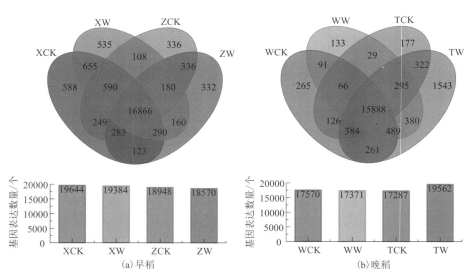

注：XCK 和 XW 分别表示湘早籼 45 号不增温和增温处理；ZCK 和 ZW 分别表示中嘉早 17 不增温和增温处理；WCK 和 WW 分别表示万象优华占不增温和增温处理；TCK 和 TW 分别表示天优华占不增温和增温处理。

图 4-2　表达基因的 Venn 图

4.2.3.2 表达基因的功能注释统计

将表达的基因在基因本体数据库（gene ontology，GO）、京都基因和基因组百科全书（kyoto encyclopedia of genes and genomes，KEGG）、基因进化谱系：非监督的同源群（evolutionary genealogy of genes：non-supervised orthologous groups，eggNOG）、NCBI 非冗余蛋白库（non-redundant protein sequence database，NR）、经过注释的蛋白质序列数据库（annotated protein sequence database，Swiss-Prot）和蛋白质家族数据库（protein family database，Pfam）进行功能注释，分类汇总于表 4-3 中。由表可知，表达基因功能在各大数据库中均有功能注释。在本试验所有样本的 32750 个表达基因中，总共有 32569 个基因在数据库中被注释到，占总表达基因的 99.45%。其中，在 NR 数据库中注释到的基因数量最多，为 32530 个，占总注释基因比例 99.33%；在 eggNOG 中的注释量为次多（28644），占比 87.46%；在 GO 数据库中注释到的数量为 26956 个；而注释到 KEGG 数据库中的基因数最少，为 11044 个，占总注释基因比例为 33.72%。

表 4-3　表达基因功能注释统计

数据库	基因数量/个	比例/%
GO	26965	82.34
KEGG	11044	33.72
eggNOG	28644	87.46
NR	32530	99.33
Swiss-Prot	22455	68.56
Pfam	24654	75.28
Total	32569	99.45

注：GO 表示基因本体数据库；KEGG 表示京都基因和基因组百科全书；eggNOG 表示基因进化谱系：非监督的同源群；NR 表示 NCBI 非冗余蛋白库；Swiss-Prot 表示经过注释的蛋白质序列数据库；Pfam 表示蛋白质家族数据库；Total 表示总共注释到数据库的基因。

4.2.4　差异表达基因分析

4.2.4.1　差异表达基因统计

双季稻 DEGs 及组间关系如图 4-3 所示，图 4-4 为 DEGs 上调和下调表达情况。由图可知，早、晚稻之间以及不同品种之间差异基因表达数量有所不同。从早稻来看，湘早籼 45 号不增温和增温处理比较组（XCK vs. XW）差异表达基因较多，共有 517 个 DEGs，239 个上调，278 个下调。中嘉早 17 不增温和增温处理比较组（ZCK vs. ZW）共有 259 个 DEGs，173 个上调，86 个下调。对晚稻而言，万象优华占不增温和增温处理比较组（WCK vs. WW）共有 129 个 DEGs，79 个上调，50 个下调。天优华占不增温和增温处理比较组（TCK vs. TW）共有 606 个 DEGs，显著多于万象优华占，其中 135 个 DEGs 上调，471 个 DEGs 下调。XCK vs. XW 和 ZCK vs. ZW 共同的 DEGs 数量为 90 个，WCK vs. WW 和 TCK vs. TW 共同的 DEGs 数量为 23 个。早、晚稻四个比较组之间没有共同的 DEGs。

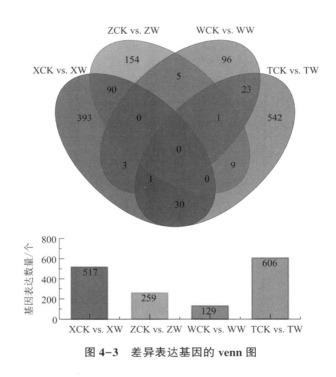

图 4-3　差异表达基因的 venn 图

4.2.4.2　功能注释分析

4.2.4.2.1　eggNOG 注释

如图 4-5 所示，早稻 XCK vs. XW 和 ZCK vs. ZW 的 DEGs 在 eggNOG 数据库中的注释情况非常相似。分类结果表明，XCK vs. XW 和 ZCK vs. ZW 有较多 DEGs 特征缺乏，其功能未知，其余 DEGs 分别于新陈代谢、信息存储与处理和细

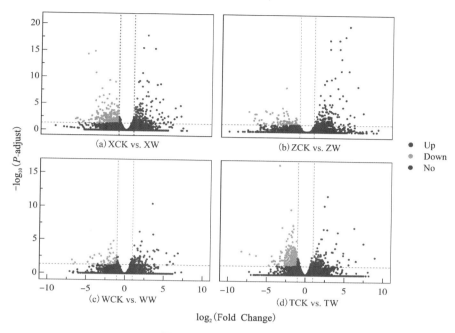

图 4-4　差异基因火山图

胞作用与信号传递三大分类中有注释，在细胞作用与信号传递分类中注释的 DEGs 最多，其次为新陈代谢。XCK vs. XW 和 ZCK vs. ZW 分别有 66 个和 46 个 DEGs 注释到"转录后修饰，蛋白转运，分子伴侣"，27 个和 20 个 DEGs 注释到 "转录"，27 个和 17 个 DEGs 注释到"碳水化合物运输和代谢"。此外，也有较多 DEGs 注释到"信号转导机制"、"能量产生和转换"以及"氨基酸转运和代谢"。

　　晚稻不同品种的 DEGs 在数量上差异较大，但在 eggNOG 数据库中的功能注释分类也相似(图 4-6)。与早稻一致，晚稻 WCK vs. WW 和 TCK vs. TW 多数 DEGs 功能未知。有注释特征的 DEGs 主要注释到了新陈代谢和细胞作用与信号传递的功能分类。在二级水平功能分类中，WCK vs. WW 和 TCK vs. TW 的 DEGs 主要注释到了"转录"(13 个和 22 个)、"碳水化合物运输和代谢"(9 个和 23 个)、"信号转导机制"(6 个和 45 个)和"转录后修饰，蛋白转运，分子伴侣"(5 个和 12 个)等功能。TCK vs. TW 还有 26 个 DEGs 注释到了"氨基酸转运和代谢"。

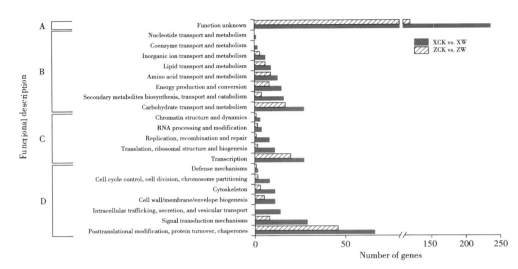

注：XCK 和 XW 分别表示湘早籼 45 号不增温和增温处理；ZCK 和 ZW 分别表示中嘉早 17 不增温和增温处理。A 表示特征缺乏；B 表示新陈代谢；C 表示信息存储与处理；D 表示细胞作用与信号传递。

图 4-5 早稻差异基因 eggNOG 分类

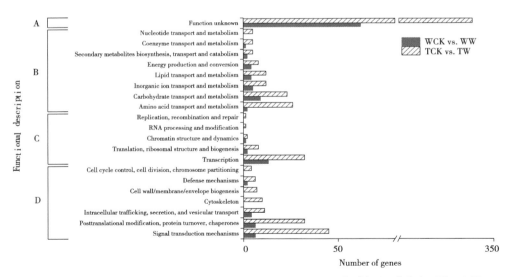

注：WCK 和 WW 分别表示万象优华占不增温和增温处理；TCK 和 TW 分别表示天优华占不增温和增温处理。A 表示特征缺乏；B 表示新陈代谢；C 表示信息存储与处理；D 表示细胞作用与信号传递。

图 4-6 晚稻差异基因 eggNOG 分类

4.2.4.2.2　GO 注释

图 4-7 和图 4-8 展示了早、晚稻 DEGs 在 GO 数据库中注释数量在前 20 位的功能分类。无论是早稻还是晚稻，虽然不同品种 DEGs 数量有差异，但 GO 功能注释分类基本一致，在生物过程、分子功能和细胞组分的注释表现出相同的趋势，且早、晚稻之间功能注释分类基本相同。XCK vs. XW、ZCK vs. ZW、WCK vs. WW 和 TCK vs. TW 的 DEGs 在"结合""细胞组分""催化活性""细胞过程""膜组分""应激反应""生物调控""定位"等功能均有注释。

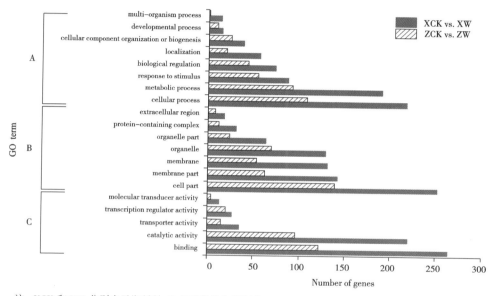

注：XCK 和 XW 分别表示湘早籼 45 号不增温和增温处理；ZCK 和 ZW 分别表示中嘉早 17 不增温和增温处理。A 表示生物过程；B 表示分子功能；C 表示细胞组分。

图 4-7　早稻差异基因的 GO 二级水平功能分类

4.2.4.2.3　KEGG 注释

早稻 DEGs 在 KEGG 数据库中注释情况如图 4-9 和图 4-10 所示。XCK vs. XW 的 DEGs 主要注释到了代谢和遗传信息处理通路中，有 45 个 DEGs 注释到"碳水化合物代谢"通路，31 个差异基因注释到"折叠、分类和降解"通路中，22 个差异基因注释到"脂质代谢"通路，21 个差异基因注释到"氨基酸代谢"通路中，17 个差异基因注释到"信号转导"通路中。其中，表达上调的基因主要注释到了"碳水化合物代谢"、"折叠、分类和降解"和"环境适应"等通路，表达下调的基因主要注释到了"碳水化合物代谢"、"氨基酸代谢"、"脂质代谢"和"信号转导"

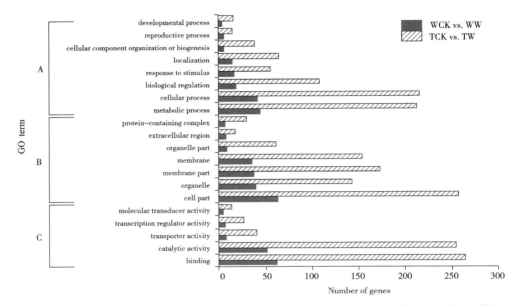

注：WCK 和 WW 分别表示万象优华占不增温和增温处理；TCK 和 TW 分别表示天优华占不增温和增温处理。A 表示生物过程；B 表示分子功能；C 表示细胞组分。

图 4-8 晚稻差异基因的 GO 二级水平功能分类

等通路。ZCK vs. ZW 的 DEGs 主要注释到"碳水化合物代谢"、"折叠、分类和降解"、"信号转导"和"环境适应"等通路。其中，上调的表达基因主要注释到了"折叠、分类和降解"、"碳水化合物代谢"、"转录"、"运输和分解代谢"和"环境适应"等通路中，而下调表达的基因主要注释到了"碳水化合物代谢"、"脂质代谢"和"信号转导"等通路中。

图 4-11 和图 4-12 为晚稻两个品种差异基因的 KEGG 注释分类图。WCK vs. WW 的 DEGs 主要注释到"碳水化合物代谢"、"环境适应"和"折叠、分类和降解"通路，其中，表达上调的基因主要注释到"碳水化合物代谢"、"环境适应"和"氨基酸代谢"通路，表达下调的基因主要注释到"碳水化合物代谢"、"脂质代谢"和"折叠、分类和降解"通路。对于天优华占，TCK vs. TW 的 DEGs 主要注释到"氨基酸代谢"、"碳水化合物代谢"、"脂质代谢"和"信号转导"通路。其中，上调表达的基因主要注释到了"氨基酸代谢"、"碳水化合物代谢"和"环境适应"通路，下调表达的基因主要注释到了"脂质代谢"、"信号转导"、"氨基酸代谢"和"碳水化合物代谢"等通路。

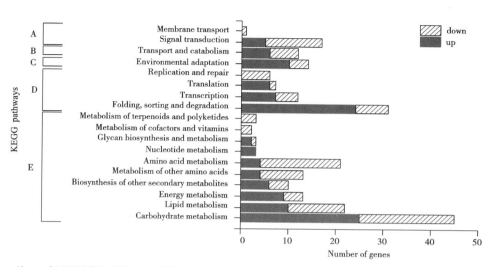

注：A 表示环境信息处理；B 表示细胞过程；C 表示生物体系统；D 表示遗传信息处理；E 表示代谢。

图 4-9 湘早籼 45 号差异基因 KEGG 分类

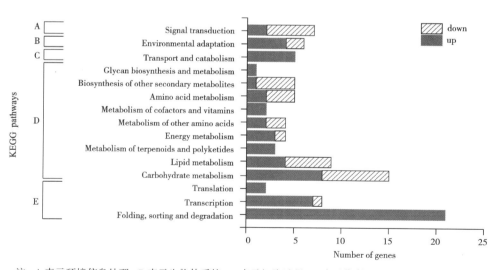

注：A 表示环境信息处理；B 表示生物体系统；C 表示细胞过程；D 表示代谢；E 表示遗传信息处理。

图 4-10 中嘉早 17 差异基因 KEGG 分类

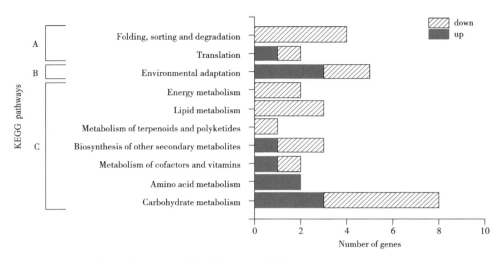

注：A 表示遗传信息处理；B 表示生物体系统；C 表示代谢。

图 4-11 万象优华占差异基因 KEGG 分类

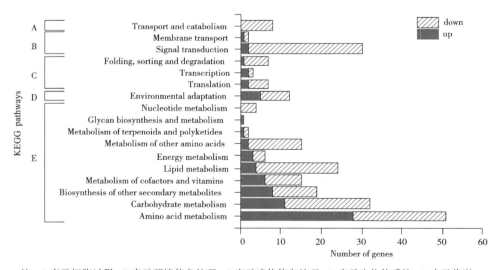

注：A 表示细胞过程；B 表示环境信息处理；C 表示遗传信息处理；D 表示生物体系统；E 表示代谢。

图 4-12 天优华占差异基因 KEGG 分类

4.2.4.3　功能富集分析

4.2.4.3.1　GO 富集分析

图 4-13 和图 4-14 中展示了早稻和晚稻 DEGs 富集程度前 10 位的 GO 功能。XCK vs. XW 的 DEGs 主要富集在"对活性氧簇的响应""细胞热响应""翻译后蛋白质的从头折叠""伴侣辅因子依赖性蛋白质折叠""RNA 聚合酶Ⅱ启动子在应激反应中的转录调控""DNA 模板转录对应激反应的调节""蛋白质折叠""对温度刺激的响应""对非生物刺激的响应""伴侣介导的蛋白质折叠",且大部分相关功能基因表达为上调[图 4-13(a)],表明在增温处理下,以上功能通路被激活;ZCK vs. ZW 的 DEGs 主要富集在"对乙醇的反应""对活性氧簇的响应""细胞热响应""蛋白质复合物寡聚""对过氧化氢的响应""对无机物的响应""伴侣介导的蛋白质折叠"等[图 4-13(b)]。对于晚稻,WCK vs. WW 的 DEGs 主要富集在"植物器官鉴定规范""花器官鉴定规范""对冷的响应""噻唑生物合成过程""恶唑或噻唑生物合成过程""木聚糖代谢途径"等[图 4-14(a)]。TCK vs. TW 的 DEGs 主要富集在"水解酶活性的负调控""肽酶活性的负调控""肽链内切酶活性的负调控""肽链内切酶活性的调控""肽酶活性的调控""水解酶活性的调控""蛋白水解的负调控""催化酶活性的调控""分子功能的调控""催化酶活性的负调控"[图 4-14(b)]。

4.2.4.3.2　KEGG 富集分析

图 4-15 和图 4-16 分别展示了早稻和晚稻 KEGG 富集程度前 10 位的代谢通路。对于早稻,XCK vs. XW 和 ZCK vs. ZW 的 DEGs 均在"内质网中的蛋白质加工"通路中有富集,且相关的功能基因表达均显著上调(图 4-15)。此外,XCK vs. XW 的 DEGs 在"光合生物的碳固定""糖酵解/糖异生""不饱和脂肪酸的生物合成""剪接"通路中也有富集。对于晚稻,WCK vs. WW 的 DEGs 主要富集在"甘氨酸、丝氨酸和苏氨酸代谢""光合生物的碳固定""戊糖磷酸途径""真核生物中的核糖体生物发生""色氨酸代谢""糖苷酸和二羧酸""抗坏血酸盐和醛糖二酸盐代谢""苯丙素的生物合成"等通路[图 4-16(a)]。TCK vs. TW 的 DEGs 主要富集在"精氨酸和脯氨酸代谢""抗坏血酸盐和醛糖二酸盐代谢""异喹啉生物碱代谢""丝裂源激活的蛋白激酶信号途径-植物"等通路[图 4-16(b)]。

4.2.4.4　蛋白质合成相关代谢通路分析

4.2.4.4.1　增温对早稻蛋白质合成关键代谢通路的影响

由 KEGG 富集分析可知,早稻两个品种 DEGs 均主要富集在"内质网中蛋白质的加工"通路(图 4-15)。XCK vs. XW 有 23 个 DEGs 在"内质网中蛋白质的加工"通路中富集,且均上调表达[图 4-15(a)],其中,基因 BGIOSGA010423 编码 OST3;基因 BGIOSGA020527 和 BGIOSGA029594 编码热激蛋白 90B(Hsp90B);基因 BGIOSGA025454 编码钙网蛋白(CRT);基因 BGIOSGA009860 编码类二硫键形成蛋白;基因 BGIOSGA013692 编码热激蛋白 40(Hsp40)同系物的 A 亚家族成员 DAN-JA2;基因 BGIOSGA004771、BGIOSGA011002、BGIOSGA019575、BGIOSGA017916 和 BGIOSGA012333 编码热激蛋白 70(Hsp70);基因 BGIOSGA026730 和 BGIOSGA015767 编码 Hsp90A;基因 BGIOSGA009154、BGIOSGA012224、BGIOS-GA016481、BGIOSGA002242、BGIOSGA021653、BGIOSGA012296、BGIOSGA012293、BGIOSGA011044、BGIOSGA009084 和 BGIOSGA021524 编码 Hsp20。图 4-17 为湘早籼 45 号"内质网中蛋白质的加工"通路对增温的响应,由图可知,增温处理下,该通路中二烯丙基磷酸酯寡糖-蛋白糖基转移酶亚基(OSTs)、Hsp90 家族成员葡萄糖调节蛋白 94(GRP94)、CRT、内质网氧化还原酶(Ero1)、Hsp70、Hsp40、Hsp90 和小分子热激蛋白(sHSF)均表达增强,表明该通路整体被激活。

ZCK vs. ZW 有 20 个 DEGs 在"内质网中蛋白质的加工"通路中富集,且均上调表达[图 4-15(b)],其中,BGIOSGA004771、BGIOSGA011002、BGIOSGA017916 和 BGIOSGA012333 编码 Hsp70;BGIOSGA015767 和 BGIOSGA026730 编码 Hsp90A;BGIOSGA013692 编码 DANJA2;BGIOSGA009154、BGIOSGA012224、BGIOS-GA002445、BGIOSGA016481、BGIOSGA002242、BGIOSGA021653、BGIOSGA012297、BGIOSGA012296、BGIOSGA012293、BGIOSGA011044、BGIOSGA009084 和 BGIOSGA021524 编码 Hsp20;BGIOSGA026177 编码 S 期激酶关联蛋白 1。由图 4-18 可知,在增温处理下,中嘉早 17"内质网中蛋白质的加工"通路中 Hsp40、Hsp70、Hsp90、sHSF 和 Skp1 均表达增强,该通路整体被激活。

4.2.4.4.2 增温对晚稻蛋白质合成相关代谢通路的影响

增温对晚稻代谢通路的影响在两个品种之间存在差异。对于万象优华占,增温导致的 DEGs 没有富集在某一通路中,而分别分布在不同的通路中。对于天优华占,增温处理下,有 8 个 DEGs 富集在"精氨酸和脯氨酸代谢"通路中,其中,编码乙醛脱氢酶的一个基因 BGIOSGA005685、编码脯氨酸羟化酶的基因 BGIOSGA024672 及编码 GOT 的基因 BGIOSGA021074 和 BGIOSGA007852 表达上调;另一个编码乙醛脱氢酶的基因 BGIOSGA029686、编码多胺氧化酶的基因 BGIOSGA014123 和 BGIOSGA014122 及编码 S-甲硫氨酸脱羧酶的基因 BGIOSGA008607 表达下调(图 4-19)。这意味着增温通过对水稻不同功能基因表达进行调控,维持了代谢通路的稳态平衡。

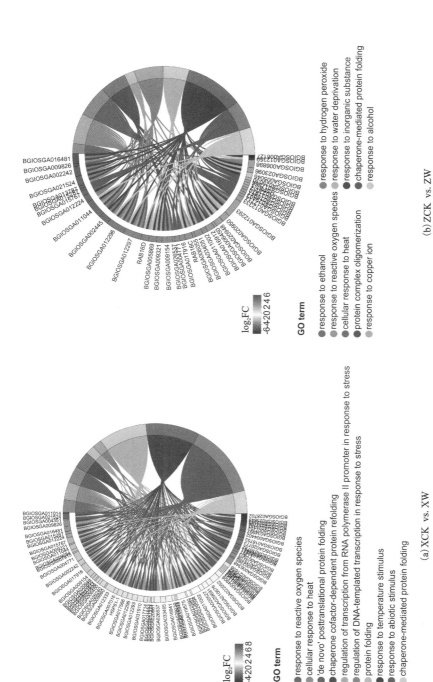

(a) XCK vs. XW

(b) ZCK vs. ZW

图4-13　早稻GO富集分析

注：XCK和XW分别表示早湘早籼45号不增温和增温处理；ZCK和ZW分别表示中嘉早17不增温和增温处理。GO富集弦图左边为差异表达基因，右边为差异基因显著富集上的GO术语。按log₂FC从大到小的顺序进行排列。log₂FC>0时，越大表示上调基因的表达差异倍数越大；log₂FC<0时，越小表示下调基因的表达差异倍数越大。

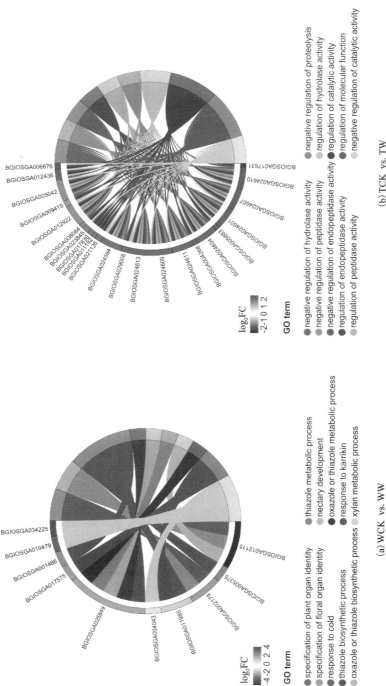

(a) WCK vs. WW

(b) TCK vs. TW

图4-14 晚稻GO富集分析

注：WCK和WW分别表示万象优华占不增温和增温处理；TCK和TW分别表示天优华占不增温和增温处理。GO富集弦图左边为差异表达基因，右边为差异基因显著富集上的GO术语。按log₂FC从大到小的顺序进行排列。log₂FC>0时，越大表示上调基因的表达差异倍数越大；log₂FC<0时，越小表示下调基因的表达差异倍数越大。

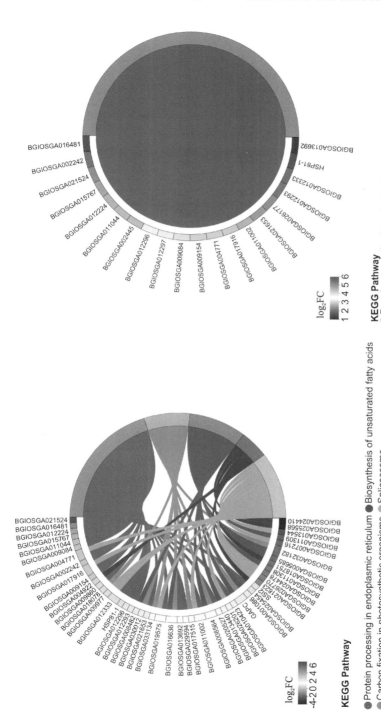

KEGG Pathway
● Protein processing in endoplasmic reticulum

log₂FC
1 2 3 4 5 6

(b) ZCK　vs. ZW

KEGG Pathway
● Protein processing in endoplasmic reticulum ● Biosynthesis of unsaturated fatty acids
● Carbon fixation in photosynthetic organisms ● Spliceosome
● Glycolysis / Gluconeogenesis

log₂FC
-4 -2 0 2 4 6

(a) XCK　vs. XW

注：XCK和XW分别表示湘早籼45号不增温和增温处理；ZCK和ZW分别表示中嘉早17不增温和增温处理。KEGG富集图左边为差异表达基因，右边为差异基因显著富集的通路。按log₂FC从大到小的顺序进行排列。log₂FC>0时，越大表示上调基因的表达差异倍数越大，越小表示下调基因的表达差异倍数越大。

图4-15　早稻KEGG富集分析

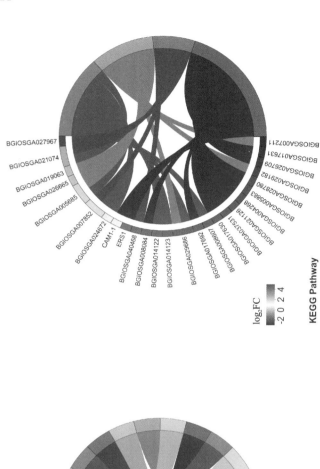

(a) WCK *vs.* WW

(b) TCK *vs.* TW

KEGG Pathway

●Glycine, serine and threonine metabolism ●Ribosome biogenesis in eukaryotes
●Carbon fixation in photosynthetic organisms ●Tryptophan metabolism
●Pentose phosphate pathway ●Glyoxylate and dicarboxylate metabolism
●Fructose and mannose metabolism ●Ascorbate and aldarate metabolism
●Galactose metabolism ●Phenylpropanoid biosynthesis

log₂FC
-6-4-20 2 4 6

KEGG Pathway

●Arginine and proline metabolism ●Isoquinoline alkaloid biosynthesis
●Ascorbate and aldarate metabolism ●MAPK signaling pathway - plant

log₂FC
-2 0 2 4

图4-16　晚稻KEGG富集分析

注：WCK和WW分别表示万象优华占不增温和增温处理；TCK和TW分别表示天优华占不增温和增温处理。KEGG富集弦图左边为差异表达基因，右边为差异基因显著富集的通路。按log₂FC从大到小的顺序进行排列。log₂FC>0时，越大表示上调基因的表达差异倍数越大；log₂FC<0时，越小表示下调基因的表达差异倍数越大。

68

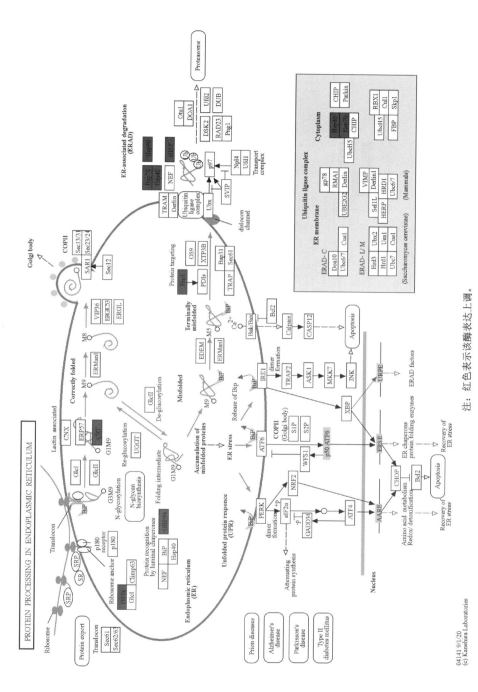

图4-17　增温对湘早籼45号"内质网中蛋白质的加工"通路的影响

注：红色表示该酶表达上调。

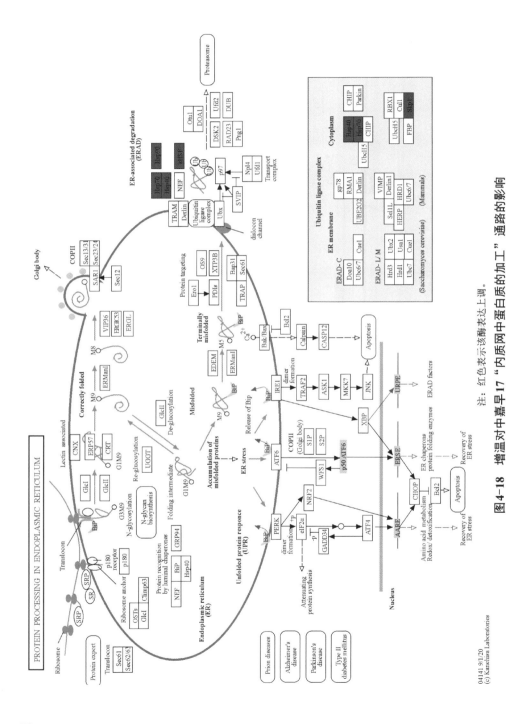

图 4-18 增温对中嘉早 17 "内质网中蛋白质的加工" 通路的影响

注：红色表示该酶表达上调。

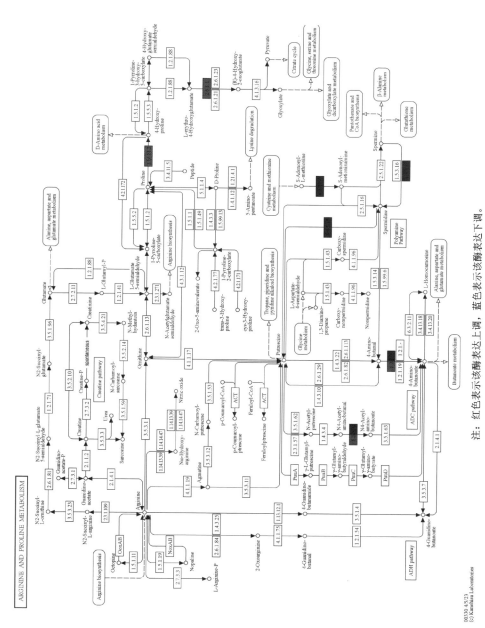

注：红色表示该酶表达上调，蓝色表示该酶表达下调。

图 4-19　增温对天优华占 "精氨酸和脯氨酸代谢" 通路的影响

71

4.2.5 功能基因的 qRT-PCR 验证

为验证转录组结果的准确性,在早、晚稻不同品种中挑选了部分差异基因进行了 qRT-PCR 验证。如图 4-20 所示,除了 ZCK vs. ZW 中基因 BGIOSGA009860 外,所有差异基因的 qRT-PCR 结果均与 RNA-Seq 趋势一致,表明转录组测序结果可靠。

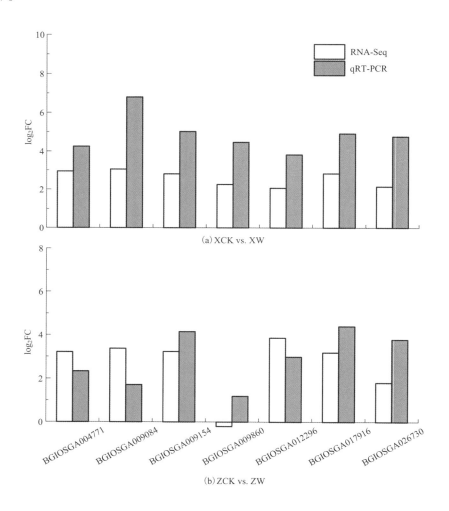

(a) XCK vs. XW

(b) ZCK vs. ZW

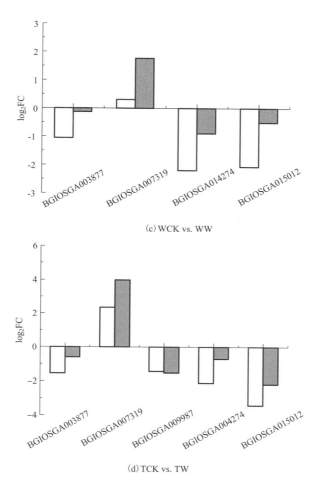

(c) WCK vs. WW

(d) TCK vs. TW

注：XCK 和 XW 分别表示湘早籼 45 号不增温和增温处理；ZCK 和 ZW 分别表示中嘉早 17 不增温和增温处理；WCK 和 WW 分别表示万象优华占不增温和增温处理；TCK 和 TW 分别表示天优华占不增温和增温处理。

图 4-20　差异基因的 qRT-PCR 验证

4.3　小结

　　对早、晚稻不增温和增温处理抽穗后 20 天的水稻籽粒进行 Illumina NovaSeq 6000 高通量测序，共得到 1198202598 个 clean reads，与参考基因库的比对率从

92.52%到95.02%不等。表达基因的功能在各大数据库中均有注释到。其中，在NR数据库中注释到的基因数量最多，而注释到KEGG数据库中的基因数最少。不同品种水稻间DEGs存在差异，可能是由于对增温的敏感性不同。GO富集分析表明，早稻两个品种DEGs的功能较为相似，主要与"对活性氧簇的响应""细胞热响应""蛋白质折叠"等功能相关。晚稻DEGs的GO富集在品种间差异较大。WCK vs. WW的DEGs主要富集在"植物器官鉴定规范""花器官鉴定规范""对冷的响应""噻唑生物合成过程""恶唑或噻唑生物合成过程""木聚糖代谢途径"等通路，而TCK vs. TW的DEGs主要与水解酶、肽酶、催化酶等一系列与蛋白质合成、加工、降解等过程相关酶活性的调控有关。KEGG富集分析表明，早稻DEGs主要富集在"内质网中的蛋白质加工"通路，晚稻两个品种DEGs富集通路不一致，但均涉及氨基酸代谢途径。

第 5 章

增温对双季稻氮素吸收来源和氮肥去向的影响

氮是植物生长发育中必需的营养元素之一，对植物的生长发育有重要的调控作用[58]。在水稻栽培中，氮肥是保障高产和粮食安全的重要因素[59, 60]。我国是世界上最大的氮肥生产国和消费国。然而，水稻生产中过量的氮肥投入不仅造成资源浪费，还会引起一系列环境问题[61]。氮肥消耗量大、利用效率低是我国许多地区亟待解决的问题[62]。气候变暖对水稻的生长发育过程产生重要影响，同时也会影响其对氮素的吸收利用[63, 64]。以往的研究表明，增温能够提高土壤氮素可利用性，促进水稻的氮素吸收和稻田氮素循环[65-67]。水稻中的氮素是籽粒蛋白质形成的基础[68]。增温影响水稻的生长发育和氮素吸收，从而影响籽粒蛋白质含量[51, 52]。然而，增温处理下水稻氮素吸收的来源仍有待研究。一般来说，作物当季吸收的氮素60%以上来自土壤[21]。化学氮肥的施用是稻田土壤氮素的主要来源。然而，增温处理下，土壤氮素可利用性的增加可能限制作物对肥料氮的吸收[69]。另外，增温可能促进氨挥发和氧化亚氮排放，导致氮肥损失率增加[70]。因此，增温会显著影响水稻对肥料氮的吸收和氮肥利用效率，也会影响对其他来源氮素的吸收[71, 72]。本章内容旨在利用氮同位素标记法明确增温对双季稻氮素吸收来源和氮肥去向的影响。本研究将有助于优化气候变暖下双季稻栽培的氮肥运筹和提高氮素利用效率。

5.1 材料与方法

5.1.1 试验地概况

大田试验同第 1 章 1.1.1 试验地概况。

江西上高水稻科技小院于 2022 年开展早、晚稻季盆栽试验。试验地属于典型亚热带季风气候，年平均气温和年平均降水量分别为 17.6 ℃ 和 1650 mm。早、晚稻盆栽所用土壤均为第四纪红色黏土发育而来的水稻土。试验前土壤理化性质为：pH 5.8、有机碳含量 18.3 g/kg、全氮含量 2.0 g/kg、碱解氮含量 242.7 mg/kg、速效磷含量 43.3 mg/kg、速效钾含量 280.0 mg/kg。

5.1.2　试验设计

大田试验同第 1 章 1.1.2 试验设计。

盆栽试验采用单因素试验设计，设置不增温和增温两个处理，三次重复，共 6 盆。早、晚稻试验前，将风干土粉碎，过 2 mm 筛，装入塑料桶内。塑料桶高 40 cm，直径 35 cm，每桶装入 5 kg 干土，在水稻移栽后移入大田，分别放置于开放式增温装置正下方。早稻供试品种为湘早籼 45 号，晚稻品种为万象优华占。早稻和晚稻的播种期分别为 3 月 20 日和 6 月 26 日，移栽期分别为 4 月 18 日和 7 月 18 日。早、晚稻均采用水育秧和人工移栽方式，移栽规格为：早稻每盆 1 穴，每穴 3 苗；晚稻每盆 1 穴，每穴 2 苗。盆栽所用的氮肥为 ^{15}N 标记的尿素（上海化工研究院有限公司，上海），^{15}N 丰度为 20.1%；磷肥和钾肥均与大田一致。施肥量按照土壤干重比例，根据大田用量换算为早稻纯氮、纯磷和纯钾施用量分别为 368.0 mg/pot、79.0 mg/pot 和 334.0 mg/pot；晚稻纯氮、纯磷和纯钾施用量分别为 460.0 mg/pot、105.0 mg/pot 和 417.0 mg/pot。盆栽早、晚稻各时期施肥比例分别与大田早、晚稻比例一致。移栽后桶内保持浅水层，于分蘖中期自然落干，复水后干湿交替，于收获前一周断水。盆栽杂草和病虫害管理措施与大田试验管理一致。

5.1.3　测定指标与方法

5.1.3.1　植株氮素吸收

将各时期水稻烘干后的茎、叶、穗样品机械粉碎，通过 60 目筛，利用全自动凯氏定氮仪（Kjeltec™ 8400，FOSS，Copenhagen，Denmark）测定植株中氮浓度。氮素的吸收与转运按照以下方法计算：

氮素吸收=植株氮浓度×干物质重。

花后氮素积累（N accumulation after heading；NAH）= 成熟期地上部氮素吸收－抽穗期地上部氮素吸收。

氮素转运量(N translocation，NT)＝抽穗期茎叶氮素吸收－成熟期茎叶氮素吸收。

氮素转运率(N translocation rate，NTR)(％)＝(氮素转运量/抽穗期茎叶氮素吸收)×100。

转运氮素贡献率(contribution rate of N translocation，CRNT)(％)＝(氮素转运量/成熟期穗部氮素吸收)×100。

花后氮素积累贡献率(contribution rate of N accumulation after heading，CRNAH)(％)＝(花后氮素积累/成熟期穗部氮素吸收)×100。

氮素生理利用效率(N use efficiency，NUE)(kg/kg)＝水稻产量/成熟期地上部氮素吸收。

氮素收获指数(N harvest index，NHI)(％)＝(成熟期穗部氮素吸收/成熟期地上部氮素吸收)×100。

盆栽收获后将水稻整株取出，清洗根系，将根、茎、叶和穗分开，于烘箱内105.0 ℃杀青 30.0 min，然后75.0 ℃烘干至恒重称重。植株氮含量测定方法和氮素吸收的计算如上所述。

5.1.3.2　土壤全氮

水稻收获后的土壤自然风干，粉碎后过 100 目筛，利用全自动凯氏定氮仪(Kjeltec™ 8400，FOSS，Copenhagen，Denmark)测定土壤全氮含量。

5.1.3.3　植株和土壤中的^{15}N 丰度

植物和土壤样品过 100 目筛后，使用 Finnigan MAT-251 质谱仪(EA-DELTA plus XP，Thermo Fisher，Boston，USA)测定^{15}N 丰度。

5.1.3.4　^{15}N 计算方法

植株/器官来源于肥料的氮素吸收(N from fertilizer)＝(植株/器官总氮素吸收)×(植株/器官样品^{15}N 丰度－大气自然^{15}N 丰度)/(肥料^{15}N 丰度)。

植株/器官来源于土壤的氮素吸收(N from soil)＝(植株/器官)总氮素吸收－(植株/器官)来源于肥料的氮素吸收。

氮素回收率(N recovery rate)(％)＝(植株来源于肥料的氮素吸收/肥料氮施用量)×100。

氮素残留率(N retention rate)(％)＝土壤总氮×(土壤样品^{15}N 丰度－土壤自然^{15}N 丰度)/(肥料^{15}N 丰度÷肥料氮施用量)×100。

氮素损失率（N loss rate）（%）= 100-（氮素回收率+氮素残留率）。

大气自然^{15}N 丰度=0.366%；土壤自然^{15}N 丰度=0.364%[73]。

5.1.3.5　土壤氮素矿化

水稻移栽后，在每个小区将 4 个 PVC 管（直径 4 cm×高度 15 cm）插至土壤 10 cm 深，PVC 管顶部覆膜，侧壁穿孔[74]。随后，将一个 PVC 管中土柱立刻取出，过 2 mm 筛后，置于-20 ℃保存，用于测定土壤硝态氮和铵态氮含量。其余 3 个 PVC 管分别在分蘖期、抽穗期和成熟期取出。土壤硝态氮和铵态氮含量根据鲍士旦[63]的方法进行测定，并计算土壤净氮矿化速率[75]。

5.1.4　统计分析

用 SPSS 22.0（SPSS Inc. Chicago，USA）软件对^{15}N 尿素标记的盆栽试验数据进行单因素方差分析。大田早、晚稻氮素积累和转运采用增温（W）、品种（C）和年份（Y）三因素方差分析。

5.2　结果分析

>>>

5.2.1　氮浓度

增温对早、晚稻不同时期茎、叶和穗中氮浓度的影响如表 5-1 和表 5-2 所示。增温导致早稻分蘖期茎和叶中氮浓度分别显著降低 0.23 和 0.16 个百分点，抽穗期各器官氮浓度呈上升趋势，其中，茎氮浓度显著增加 0.13 个百分点（表 5-1）。与不增温相比，增温处理导致成熟期茎和穗氮浓度分别增加 0.05 和 0.13 个百分点，叶中氮浓度无显著变化。中嘉早 17 和湘早籼 45 号两个品种分蘖期的茎、叶中氮浓度无显著差异，抽穗期时，中嘉早 17 茎、叶、穗的氮浓度均低于湘早籼 45 号。中嘉早 17 抽穗期茎的氮浓度比湘早籼 45 号显著低 0.21 个百分点，叶中氮浓度显著低 0.26 个百分点；成熟期穗的氮浓度显著低 0.04 个百分点。增温对早稻抽穗期茎中和成熟期茎、穗中氮浓度的影响在年份间存在差异（图 5-1）。与不增温相比，在增温处理下，抽穗期和成熟期茎中氮浓度在 2021 年分别显著提高 0.28 和 0.09 个百分点，而在 2022 年没有显著差异。成熟期穗中氮浓度在 2021 年和 2022 年分别提高了 0.22 和 0.04 个百分点。

与早稻不同，增温显著提高晚稻分蘖期茎、叶和成熟期穗的氮浓度，显著降低抽穗期叶和穗中氮浓度，而对抽穗期茎和成熟期茎、叶中氮浓度均无显著影响（表 5-2）。在增温处理下，晚稻分蘖期茎和叶中氮浓度分别提高了 0.29 和 0.35 个百分点，成熟期穗的氮浓度提高了 0.04 个百分点，抽穗期叶和穗中氮浓度分别降低了 0.15 和 0.05 个百分点。除了抽穗期茎和成熟期穗以外，晚稻两个品种各时期地上部氮浓度均无显著差异。抽穗期茎、叶以及成熟期叶、穗中氮浓度对增温的响应因不同品种和不同年份而异（图 5-2）。2021 年和 2022 年万象优华占和天优华占分蘖期的茎和叶中氮浓度在增温处理下均呈升高趋势。其中，2021 年万象优华占分蘖期茎氮浓度显著提高 0.62 个百分点，叶氮浓度提高 0.78 个百分点；天优华占 2022 年茎氮浓度提高了 0.37 个百分点。增温处理下，2021 年和 2022 年两个品种抽穗期叶和穗中的氮浓度有降低趋势，然而，除 2022 年万象优华占叶和穗氮浓度显著下降 0.44 和 0.18 个百分点外，差异均不显著。

表 5-1　增温对早稻不同生育期各器官氮浓度的影响

		分蘖期/%		抽穗期/%			成熟期/%		
		茎	叶	茎	叶	穗	茎	叶	穗
增温（W）[a]	不增温	2.23	4.09	1.00	3.18	1.27	0.50	1.41	1.07
	增温	2.00**	3.93*	1.13**	3.29	1.29	0.55**	1.41	1.20**
品种（C）[b]	湘早籼 45 号	2.11	3.98	1.17	3.37	1.30	0.53	1.43	1.15
	中嘉早 17	2.11	4.04	0.96**	3.11**	1.27	0.51	1.39	1.11**
年份（Y）[c]	2021	2.09	4.36	0.97	3.25	1.25	0.53	1.38	1.08
	2022	2.14	3.67**	1.16**	3.22	1.31*	0.52	1.44	1.18**
F 值	$W×C$	0.8	0.7	0.8	2.6	7.6*	0.0	0.6	1.9
	$W×Y$	0.0	0.7	35.8**	22.4**	8.5*	8.1*	0.0	60.9**
	$C×Y$	0.6	2.3	15.7**	0.5	0.4	2.1	6.3*	0.0

注：* 和 ** 分别表示在 $P<0.05$ 和 $P<0.01$ 水平差异显著。增温、品种和年份（$W×C×Y$）对所有变量均无显著互作效应。a：不同品种和年份的平均值。b：不同处理和年份的平均值。c：不同处理和品种的平均值。

表 5-2 增温对晚稻不同生育期各器官氮浓度的影响

		分蘖期/%		抽穗期/%			成熟期/%		
		茎	叶	茎	叶	穗	茎	叶	穗
增温(*W*)[a]	不增温	1.63	3.45	0.83	2.61	1.22	0.54	1.06	1.06
	增温	1.92**	3.80**	0.81	2.46*	1.17*	0.55	1.01	1.10**
品种(*C*)[b]	万象优华占	1.83	3.66	0.86	2.55	1.21	0.54	1.02	1.05
	天优华占	1.73	3.59	0.77*	2.52	1.19	0.55	1.04	1.11**
年份(*Y*)[c]	2021	1.57	3.35	0.88	2.75	1.24	0.52	1.01	1.09
	2022	1.98**	3.91**	0.76**	2.32**	1.16**	0.58**	1.06	1.07*
F 值	*W*×*C*	1.4	0.3	0.2	0.2	4.9*	0.0	0.0	0.1
	W×*Y*	1.1	5.8*	4.7*	4.9*	0.7	8.0*	0.9	2.1
	C×*Y*	3.7	3.2	0.0	1.0	0.1	0.4	7.5*	9.7**
	W×*C*×*Y*	14.0**	7.4*	11.4**	6.8*	6.3*	0.1	1.8	0.0

注：* 和 ** 分别表示在 *P*<0.05 和 *P*<0.01 水平差异显著。a：不同品种和年份的平均值。b：不同处理和年份的平均值。c：不同处理和品种的平均值。

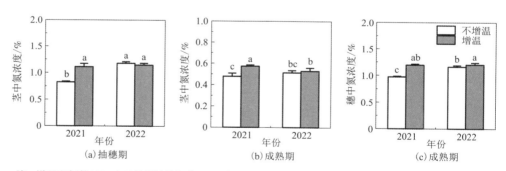

注：增温和年份(*W*×*Y*)对早稻抽穗期茎(a)、成熟期茎(b)和穗(c)中氮浓度存在显著互作效应。同一柱形图中不同小写字母表示在 *P*<0.05 水平差异显著。柱形图数据为不同品种的平均值。误差棒表示平均值的标准差(*n*=3)。

图 5-1 增温对早稻器官氮浓度的影响

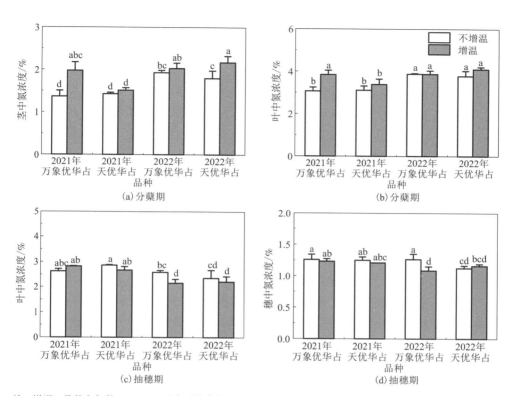

注：增温、品种和年份（$W×C×Y$）对晚稻分蘖期茎（a）和叶（b）、抽穗期叶（c）和穗（d）中氮浓度存在显著互作。同一柱形图中不同小写字母表示在 $P<0.05$ 水平差异显著。误差棒表示平均值的标准差（$n=3$）。

图 5-2　增温对晚稻器官氮浓度的影响

5.2.2　氮素吸收与转运

如表 5-3 和表 5-4 所示，增温对早稻和晚稻各时期的氮素吸收和转运具有显著影响。与不增温相比，增温处理下，早稻分蘖期和成熟期的氮素吸收分别显著提高 53.0% 和 9.4%，抽穗期氮素吸收无显著差异；花后氮素积累（NAH）及花后氮素积累贡献率（CRNAH）分别显著提高 6.1% 和 16.2 个百分点；而氮素转运率（NTR）和转运氮素贡献率（CRNT）分别降低 2.7 和 12.8 个百分点（表 5-3）。增温使早稻氮素生理利用效率（NUE）降低了 8.8%，氮素收获指数（NHI）提高了 2.3%。从品种来看，中嘉早 17 各生育期氮素吸收均高于湘早籼 45 号，且分蘖期和抽穗期氮素吸收增加达到极显著水平（$P<0.01$），增幅分别为 19.4% 和 8.2%；而 NAH 和 CRNAH 相较于湘早籼 45 号分别低 54.9% 和 8.5 个百分点；NUE 较湘早籼 45 号高 5.40%。增温对早稻的 NAH 和 CRNAH 在品种间有差异（图 5-3）。虽然增温显著提高两个品种的 NAH 和 CRNAH，但湘早籼 45 号的增幅（594% 和 21.4 个百分点）明显低于中嘉早 17（657% 和 11.1 个百分点）。此外，不同年份之间，增温对分蘖期的氮素吸收、NTR、CRNT、NHA、CRNHA 和 NHI 的影响存在差异（图 5-4）。与不增温处理相比，增温处理下 2021 年和 2022 年晚稻分蘖期氮素吸收均显著增加，但 2021 年增幅（55.6%）高于 2022 年（49.3%）。增温处理下，晚稻 NTR 和 CRNT 在 2021 年均无显著变化，而在 2022 年显著降低 5.9 和 21.9 个百分点。2021 年和 2022 年增温处理下早稻的 NAH 和 CRNAH 均显著提高。增温导致 2021 年的 NUE 显著降低 15.0%，而对 2022 年 NUE 无显著影响。增温、品种和年份对早稻成熟期的氮素吸收存在显著互作效应（图 5-5）。与不增温相比，增温导致湘早籼 45 号成熟期氮素吸收在 2021 年和 2022 年分别增加 18.3% 和 9.4%，中嘉早 17 在 2021 年增加 20.8%，而 2022 年降低 6.7%。

晚稻的氮素吸收和转运对增温的响应与早稻之间存在差异（表 5-4）。增温对晚稻分蘖期和成熟期氮素吸收无显著影响，但导致抽穗期氮素吸收显著降低 5.5%。增温显著提高晚稻 NAH 和 CRNAH。与不增温相比，增温下 NAH 和 CRNAH 分别提高 24.4% 和 2.3 个百分点。增温对晚稻 NT、NTR、CRNT、NUE 和 NHI 均无显著影响。不同品种晚稻氮素吸收和转运存在显著差异。天优华占抽穗期和成熟期氮素吸收较万象优华占分别高 14.8% 和 9.0%，NT 和 CRNT 分别比万象优华占高 23.6% 和 8.8 个百分点，而 NAH 和 CRNAH 分别比万象优华占低 42.2% 和 7.0%，NUE 比万象优华占低 6.8%。增温对不同品种晚稻 NAH 和 CRNAH 的影响在年份间有显著差异（表 5-4）。增温对万象优华占 2021 年和 2022 年 NAH 和 CRNAH 影响趋势一致（图 5-6）。与不增温相比，增温处理下，万象优华占 2021 年和 2022 年 NAH 分别提高 67.7% 和 33.1%，CRNAH 分别提高 6.0 和 4.8 个百分点。然而，对于天优华占来说，增温显著提高 2021 年 NAH（714%）和 CRNAH（11.3 个百分点），而显著降低 2022 年 NAH（86.5%）和 CRNAH（12.8 个百分点）。

表 5-3　增温对早稻氮素吸收与转运的影响

		分蘖期 /(kg·hm⁻²)	抽穗期 /(kg·hm⁻²)	成熟期 /(kg·hm⁻²)	NAH /(kg·hm⁻²)	NT /(kg·hm⁻²)	NTR /%	CRNT /%	CRNAH /%	NUE /(kg·kg⁻¹)	NHI /%
增温 (W)[a]	不增温	37.0	131.6	134.5	2.9	70.8	63.2	76.6	3.4	58.2	68.5
	增温	56.6**	126.6	147.2**	20.6**	66.3	60.5*	63.8**	19.6**	53.1**	70.8*
品种 (C)[b]	湘早籼45号	42.7	124.0	140.2	16.2	66.1	61.8	67.9	15.7	54.2	69.9
	中嘉早17	51.0**	134.2**	141.5	7.3*	71.0	61.8	72.5	7.2**	57.1*	69.3
年份 (Y)[c]	2021	54.1	126.0	134.6	8.6	65.6	62.0	70.7	8.9	58.3	69.1
	2022	39.5**	132.2	147.1**	14.9**	71.5*	61.7	69.7	14.1**	53.0**	70.2
F 值	W×C	3.0	0.2	3.8	13.1**	0.1	1.3	1.2	10.2**	0.6	0.6
	W×Y	5.7*	48.6**	18.3**	26.6**	40.6**	6.9*	7.9*	32.1**	11.8**	1.1
	C×Y	11.7**	0.7	0.1	3.0	4.4	3.6	1.8	6.5*	1.1	2.9
	W×C×Y	1.0	4.0	6.2*	0.1	1.7	0.1	0.0	0.1	1.4	0.5

注：NAH 表示花后氮素积累量；NT 表示氮素转运量；NTR 表示氮素转运率；CRNT 表示转运氮素贡献率；CRNAH 表示花后氮素积累贡献率；NUE 表示氮素生理利用效率；NHI 表示氮素收获指数。* 和 ** 分别表示在 P<0.05 和 P<0.01 水平差异显著。a：不同品种和年份的平均值。b：不同处理和年份的平均值。c：不同处理和品种的平均值。

表 5-4 增温对晚稻氮素吸收与转运的影响

		分蘖期 /(kg·hm⁻²)	抽穗期 /(kg·hm⁻²)	成熟期 /(kg·hm⁻²)	NAH /(kg·hm⁻²)	NT /(kg·hm⁻²)	NTR /%	CRNT /%	CRNAH /%	NUE /(kg·kg⁻¹)	NHI /%
增温 (W)[a]	不增温	37.8	124.6	133.6	9.0	61.6	58.7	67.2	10.2	64.8	68.3
	增温	36.7	117.7*	128.9	11.2*	62.9	61.3	70.1	12.5*	63.3	69.5
品种 (C)[b]	万象优华占	36.7	112.8	125.6	12.8	55.7	58.4	64.3	14.8	66.3	68.9
	天优华占	37.8	129.5**	136.9**	7.4*	68.8**	61.5	73.1*	7.8**	61.8**	68.8
年份 (Y)[c]	2021	45.3	122.8	131.7	8.9	68.0	64.1	72.2	9.7	64.0	71.3
	2022	29.2**	119.6	130.8	11.3*	56.5**	55.8**	65.1	13.0**	64.2	66.5**
F值	W×C	24.0**	0.1	2.0	7.1*	0.0	0.3	0.5	9.0**	0.6	0.1
	W×Y	30.1**	1.4	0.7	37.6**	3.1	2.6	2.8	38.1**	15.5**	1.2
	C×Y	17.2**	0.0	0.5	2.7	0.1	0.0	0.4	3.6	3.5	3.2
	W×C×Y	3.0	3.2	0.0	30.0**	4.8*	1.2	4.0	31.6*	0.6	0.1

注：NAH 表示花后氮素积累量；NT 表示氮素转运量；NTR 表示氮素转运率；CRNT 表示氮素转运贡献率；CRNAH 表示花后氮素积累贡献率；NUE 表示氮素生理利用效率；NHI 表示氮素收获指数。*和**分别表示在 $P<0.05$ 和 $P<0.01$ 水平差异显著。a：不同品种和年份的平均值。b：不同处理和年份的平均值。c：不同处理和品种的平均值。

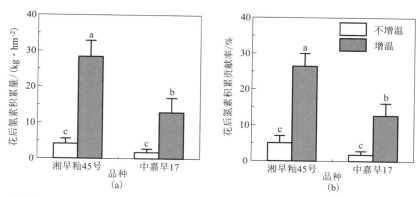

注：增温与品种（$W \times C$）对早稻花后氮素积累量（a）及其贡献率（b）存在显著互作效应。同一柱形图中不同小写字母表示在 $P<0.05$ 水平差异显著。柱形图数据为不同年份的平均值。误差棒表示平均值的标准差（$n=3$）。

图 5-3　增温对早稻花后氮素积累量及其贡献率的影响

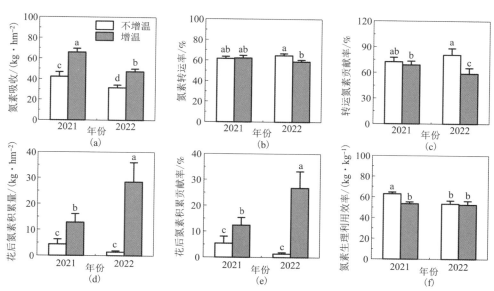

注：增温和年份（$W \times Y$）对早稻分蘖期氮素吸收（a）、氮素转运率（b）、转运氮素贡献率（c）、花后氮素积累量（d）及其贡献率（e）和氮素利用效率（f）存在显著互作效应。同一柱形图中不同小写字母表示在 $P<0.05$ 水平差异显著。柱形图数据为不同品种的平均值。误差棒表示平均值的标准差（$n=3$）。

图 5-4　增温对早稻氮素吸收与转运的影响

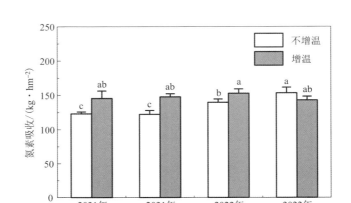

注：增温、品种和年份（$W×C×Y$）对早稻成熟期氮素吸收有显著互作效应。图中不同小写字母表示在 $P<0.05$ 水平差异显著。误差棒表示平均值的标准差（$n=3$）。

图 5-5　增温对早稻成熟期氮素吸收的影响

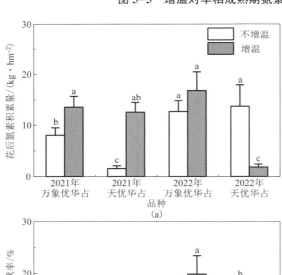

注：增温、品种和年份（$W×C×Y$）对晚稻花后积累（a）及其贡献率（b）存在显著互作效应。图中不同小写字母表示在 $P<0.05$ 水平差异显著。误差棒表示平均值的标准差（$n=3$）。

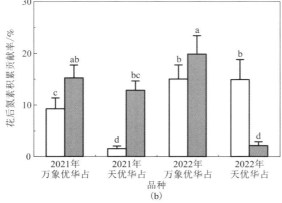

图 5-6　增温对晚稻花后氮素积累及其贡献率的影响

5.2.3　水稻氮素吸收(^{15}N)

增温对双季稻植株总氮素吸收来源和各个器官的氮素来源均有显著影响，且早稻和晚稻之间存在差异（表5-5和表5-6）。在增温处理下，早稻整株的氮素吸收显著增加8.9%。其中，来源于肥料的氮素显著增加26.1%，来源于土壤的氮素显著增加4.7%（表5-5）。增温对籽粒中氮素吸收的影响与整株的趋势一致，总氮素、来源于肥料的氮和来源于土壤的氮分别显著增加19.1%、41.4%和13.5%。增温显著降低了早稻茎和叶中来源于土壤的氮素吸收，而不影响来源于肥料的氮素吸收，对茎和叶总氮素吸收无显著影响。增温对根系的总氮素吸收和不同来源氮素吸收均无显著影响。

如表5-6所示，与早稻不同，增温对晚稻整株的总氮素吸收无显著影响，使来源于肥料的氮素吸收显著降低了17.2%，来源于土壤的氮素吸收显著增加了5.9%。与不增温相比，增温导致晚稻籽粒氮素吸收显著降低11.3%，来源于肥料的氮素显著降低28.7%，来源于土壤的氮素无显著差异；茎和叶的氮素吸收分别显著增加36.5%和53.0%，叶中来源于肥料和土壤的氮素吸收分别显著增加31.4%和57.1%，茎中来源于土壤的氮素吸收显著增加42.1%；根系中氮素吸收与早稻一致，总氮素吸收和氮素来源均无显著变化。

表5-5　增温对盆栽试验早稻氮素吸收的影响

器官	处理	总氮素吸收 /(mg·pot^{-1})	来源于肥料的氮素 /(mg·pot^{-1})	来源于土壤的氮素 /(mg·pot^{-1})
整株	不增温	762.1b	151.6b	610.5b
	增温	830.1a	191.1a	639.0a
根	不增温	76.2a	10.9a	65.3a
	不增温	74.6a	9.6a	65.0a
茎	增温	122.0a	25.1a	96.9a
	不增温	116.2a	27.4a	88.9b
叶	不增温	107.6a	24.7a	82.9a
	增温	95.9a	25.5a	70.4b
籽粒	不增温	456.3b	91.0b	365.4b
	不增温	543.4a	128.7a	414.8a

注：同一列中不同小写字母a、b分别表示同一器官的不增温与增温处理之间差异显著（$P<0.05$）。

表 5-6　增温对盆栽试验晚稻氮素吸收的影响

器官	处理	总氮素吸收 /(mg·pot⁻¹)	来源于肥料的氮素 /(mg·pot⁻¹)	来源于土壤的氮素 /(mg·pot⁻¹)
整株	不增温	1049.8a	174.8a	875.0b
	增温	1071.2a	144.7b	926.5a
根	不增温	72.2a	7.2a	65.0a
	增温	63.0a	5.4a	57.6a
茎	不增温	131.4b	22.2a	109.3b
	增温	179.4a	24.1a	155.3a
叶	不增温	121.6b	19.1b	102.5b
	增温	186.1a	25.1a	161.0a
籽粒	不增温	724.6a	126.3a	598.3a
	增温	642.7b	90.1b	552.7a

注：同一列不同小写字母 a、b 分别表示同一器官不增温与增温处理之间差异显著（$P<0.05$）。

5.2.4　氮的分配

增温与不增温处理的双季稻从肥料中吸收的氮素在各器官中的分配比例如图 5-7 所示。早、晚稻吸收的肥料氮素在根、茎、叶和籽粒中的分配情况一致。增温不影响水稻从肥料中吸收的氮素在器官中的整体分布。无论是增温还是不增温，籽粒的肥料氮素吸收最高（60.0%~72.2%），其次为茎（12.7%~16.7%）和叶（11.0%~17.3%），根系中最少（3.8%~7.2%）。然而，增温对不同器官中的肥料氮素占植株总肥料氮吸收的比例有显著影响。对于早稻，增温不改变肥料氮在根系和茎中的比例，显著降低了其在叶中的比例（-18.2%），而提高了在籽粒中的比例（+12.2%）[图 5-7（a）]。相反，增温处理下，晚稻吸收的肥料氮在茎、叶中的分配比例显著增加 31.8% 和 57.9%，在籽粒中的比例下降了 12.8%[图 5-7（b）]。增温对晚稻肥料氮在根系中的比例无显著影响。

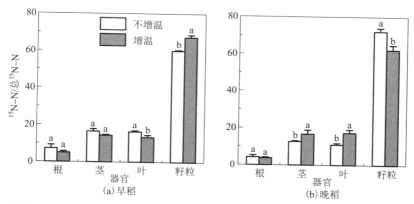

注：不同小写字母表示同一器官不增温与增温处理之间差异显著（$P<0.05$）。误差棒表示平均值的标准误（$n=3$）。

图 5-7　增温对水稻中来源于肥料氮素的分配

5.2.5　肥料氮去向

在 ^{15}N 标记的盆栽中，增温显著影响了早稻和晚稻尿素氮的回收率、残留率和损失率（表 5-7）。增温对早稻和晚稻肥料氮素回收率和残留率的影响呈相反趋势。在早稻季，增温显著提高了肥料氮的回收率，降低了肥料氮的残留率。而在晚稻季，增温显著降低了肥料氮的回收率，显著提高了肥料氮的残留率。增温处理下，早稻季和晚稻季肥料氮的损失率均显著提高，增幅分别为 3.6 和 4.2 个百分点。

表 5-7　增温对双季稻系统肥料氮素回收率、残留率和损失率的影响

季别	处理	氮素回收率/%	氮素残留率/%	氮素损失率/%
早稻	不增温	41.2b	38.4a	20.4b
	增温	51.9a	24.0b	24.0a
晚稻	不增温	38.0a	13.2b	48.8b
	增温	31.5b	15.6a	53.0a

注：同一列同一季别的不同小写字母表示不增温与增温处理之间差异显著（$P<0.05$）。

5.2.6 土壤无机氮浓度

增温对早稻和晚稻不同时期土壤无机氮浓度的影响如图 5-8 和图 5-9 所示。由图可知,在早稻移栽后,土壤铵态氮浓度增加,至分蘖盛期达到最高,而后逐渐减少[图 5-8(a)和(b)]。增温处理下,两个品种分蘖期、抽穗期和灌浆期土壤铵态氮浓度均高于不增温。其中,湘早籼 45 号分蘖期和灌浆期分别显著增加50.5%和136.0%,中嘉早 17 灌浆期显著增加50.0%。早稻生长季的土壤硝态氮浓度从移栽到灌浆期呈逐渐降低趋势[图 5-8(c)和(d)]。增温降低了水稻生长前期土壤硝态氮浓度,但提高了生长后期硝态氮浓度。

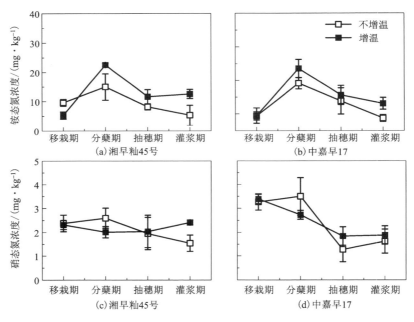

注: 误差棒表示平均值的标准差($n=3$)。

图 5-8　增温对早稻季土壤无机氮浓度的影响

对于晚稻,增温与不增温处理下,土壤无机氮浓度变化动态基本一致(图5-9)。土壤铵态氮浓度在分蘖期达到最高,而后迅速降低,在抽穗期和灌浆期含量接近于零[图 5-9(a)和(b)]。增温对万象优华占和天优华占不同时期土壤铵态氮浓度的影响趋势一致,均提高了分蘖期、抽穗期和灌浆期的铵态氮浓度。晚稻土壤硝态氮浓度变化因品种而异[图5-9(c)和(d)]。万象优华占生长季土壤硝态氮浓度呈先降低后增加，然后再降低的趋势，增温提高了其分蘖期、抽穗期和灌浆期硝态氮浓度，其中，分蘖期增加了111%。天优华占生长季土壤硝态氮浓度呈先降低后升高的趋势，增温处理下，各时期土壤硝态氮浓度均呈增加趋势，抽穗期的硝态氮浓度显著增加了94.4%。

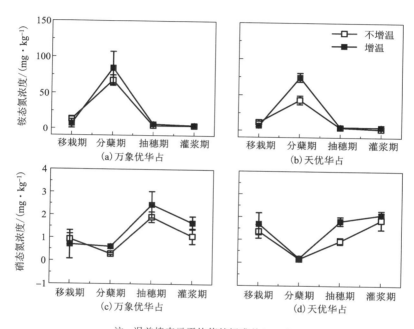

注：误差棒表示平均值的标准差（$n=3$）。

图 5-9　增温对晚稻季土壤无机氮浓度的影响

5.2.7　土壤净氮素矿化速率

如图5-10所示，增温显著提高了双季稻土壤净氮素矿化速率，且早、晚稻不同品种之间影响趋势一致。早稻不增温与增温处理下平均净氮素矿化速率分别为－0.05 mg/(kg·d)和0.09 mg/(kg·d)；晚稻不增温与增温处理下平均净氮素矿化速率分别为－0.10 mg/(kg·d)和－0.02 mg/(kg·d)。

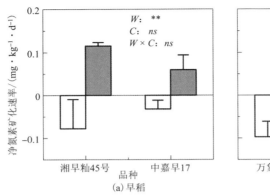
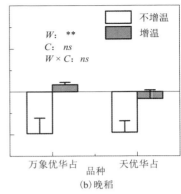

注：W 表示增温，C 表示品种。＊＊表示在 $P<0.01$ 水平上有显著差异，ns 表示无显著差异。误差棒表示平均值的标准差（$n=3$）。

图 5-10　增温对土壤净氮素矿化速率的影响

5.3　小结 >>>

　　增温对双季稻的氮素吸收和转运在早、晚稻之间存在差异。与不增温处理相比，增温处理下，早稻成熟期氮素积累量显著增加，氮素转运率及其对籽粒氮的贡献率显著降低，花后氮素积累及其对籽粒氮的贡献率显著提高；水稻氮素利用率显著下降，而氮素收获指数显著提高。增温对晚稻成熟期氮素积累、氮素转运量及其对籽粒氮的贡献率、氮素生理利用效率和氮素收获指数均无显著影响，而显著提高花后氮素积累量及其对籽粒氮的贡献率。

　　^{15}N 示踪试验结果表明，增温对早稻和晚稻氮素吸收来源的影响存在差异。增温处理下，早稻总氮素吸收显著提高，来源于肥料和土壤的氮素吸收均显著提高；晚稻总氮素吸收无显著差异，对肥料氮的吸收显著降低，而对土壤氮的吸收显著增加。在早稻季，增温显著提高了肥料氮回收，降低了氮肥残留率，晚稻季则相反。增温显著提高了双季稻系统氮肥损失率。增温增加了早、晚稻生长季稻田土壤中铵态氮和硝态氮含量，提高了土壤净氮素矿化速率，促进了土壤氮素矿化，增加了土壤氮的可利用性。

第 6 章
增温对双季稻产量和温室气体排放的影响

化石燃料的大量使用和对森林资源的过度开发等导致的全球气候变暖已成为不争的事实[2, 76, 77]。气候变暖不仅影响水稻的生长发育，对稻田温室气体排放也具有显著影响[29, 78, 79]。气温升高在一定程度上会影响土壤温度，从而影响土壤有机质的分解速率、CH_4 的产生速率和传输效率，以及土壤微生物丰度和功能活性[80, 81]。Parashar 等[82]采用人为控制土温的方法探究稻田土温与 CH_4 排放量之间的关系表明，当温度在 34.5 ℃ 以下时，温度每升高 10 ℃，CH_4 排放量就增加 1.5~2.0 倍，而当高于 34.5 ℃ 时，CH_4 排放量呈现出下降趋势。Pereira 等[83]试验结果也表明温度升高会增加 CH_4 排放量，主要原因为适宜的增温有助于水稻生长发育，产生更多的生物量，促进土壤有机质的分解，从而产生更多的 CH_4。牟长城等[84]研究指出，不同水稻品种 CH_4 排放也存在较大的差异，其中空育 131 和垦鉴稻 6 号较龙粳 18 号分别下降了 53.2% 和 27.8%。邹建文等[85]指出 CH_4 排放的变化幅度并不是与温度的季节变化直接相关的。总而言之，一般在稻田持续淹水期间且土壤的碳来源供给相对充足环境下，田间 CH_4 排放随着土壤温度的升高而呈增加趋势。

N_2O 是导致全球气候变暖的主要温室气体之一[32]。N_2O 的产生主要通过土壤硝化作用和反硝化作用[86]。大量研究表明，温度是影响 N_2O 排放的重要影响因子[87-89]。随着温度的增加，土壤硝化作用和反硝化作用活性增强从而促进 N_2O 排放[90-92]。Shaw 等[49, 93]研究表明，温度升高对土壤硝化酶活性和反硝化酶活性的影响并不显著，甚至有降低的趋势。可能原因为硝化作用和反硝化作用的最适宜温度为 20~35 ℃[94]，当温度高于硝化作用和反硝化作用的最适宜温度的时候，会增加生物的耗氧量从而导致 N_2O 排放的下降[95]。Bijoor 等[71]通过增温对草坪氮循环的研究指出，温度升高降低了土壤水分从而对硝化作用中 N_2O 的产生有积极影响，而对反硝化作用中 N_2O 的产生具有负面影响。N_2O 排放对温度升高的响应具有很大的波动性，因为除了气候条件外，土壤-植物-大气系统中氮代谢的变化也会影响 N_2O 的排放[96]。N_2O 的增温潜势大，它还参与大气的光化学反应从而破坏臭氧层，最终导致到达地面的紫外线增强，影响农作物的生长发育。据统计，N_2O 浓度每增加两倍，臭氧层将减少 20%，地面的紫外线辐射将增加 40%[97]。

南方稻区的双季稻生产对保障中国的粮食安全和缓解农业温室气体排放具有十分重要的意义。因此，本研究在双季稻区建立开放式主动增温系统，探究气候变暖对水稻生产、CH_4 和 N_2O 排放的影响，为预测未来气候变化情景下双季稻生产提供科学依据，并有助于揭示双季稻田生态系统对气候变暖的反馈作用。

6.1　材料与方法

6.1.1　试验地概况

试验于 2018 年 3 月至 2019 年 11 月在江西省上高县泗溪镇曾家村（115°09′E，28°31′N）进行，该地区属于典型的亚热带季风气候。双季稻生长季期间，2018 年总降雨量为 1045.3 mm，总日照数为 1345 h，年均气温为 23.2 ℃；2019 年总降水量为 1150.1 mm，总日照数为 1403.8 h，年均气温 23.5 ℃。试验前，土壤基础理化性质：pH 5.2、有机质 28.5 g/kg、全氮 2.2 g/kg、碱解氮 195.1 mg/kg、有效磷 22.2 mg/kg、速效钾 65.3 mg/kg。

6.1.2　试验设计

开放式增温系统建立同第 1 章 1.1.2 试验设计。

试验设置 2 个处理：①全天增温（warming），从水稻移栽到成熟期昼夜持续增温；②不增温（control），安置增温相同的装备但不供电。两个处理，采用随机区组设计，重复 3 次。各小区面积为 50 cm×50 cm，共 6 个小区（图 6-1）。

供试品种：早稻品种湘早籼 45 号，晚稻品种九香粘，早、晚稻季秧苗均采用大田水育秧方式。早稻播种日期为 3 月 19 日，于 4 月 15 日移栽，秧龄 28 天，栽插规格为 15.0 cm×15.0 cm，基本苗为每穴 3 株；晚稻播种日期为 6 月 20 日，于 7 月 17 日移栽，秧龄 27 天，栽插规格为 15.0 cm×15.0 cm，基本苗为每穴 3 株。

各处理施肥方式一致，其中氮肥用普通尿素（N 含量 46%），早稻纯氮量为

165 kg/hm²，按照基肥（移栽时）∶分蘗肥∶穗肥＝5∶2∶3 施用，磷肥用钙镁磷肥（P_2O_5 含量 12%），纯磷量为 9.9 kg/hm²，作基肥一次性施入田间。钾肥用氯化钾（K_2O 含量 60%），每季作物施用纯钾量为 89.1 kg/hm²，按照基肥∶穗肥＝1∶1 施用。晚稻纯氮量为 210 kg/hm²，按照基肥（移栽时）∶分蘗肥∶穗肥＝4∶2∶4，磷肥用钙镁磷肥（P_2O_5 含量 12%），纯磷量为 12.6 kg/hm²，作基肥一次性施入田间，钾肥用氯化钾（K_2O 含量 60%），纯钾量为 113.4 kg/hm²，按照基肥∶穗肥＝1∶1 施用。试验小区采用人工收获，留茬 10 cm 左右。在水稻生长季，田间水分管理为南方稻区典型的生育前期保持田间浅水层（3 cm 左右），于分蘗末期排水烤田，复水后以干湿交替的灌溉方式管理，直到水稻收获前水分自然排干。

　　水稻移栽至成熟期冠层和土壤的平均温度如表 6-1 和表 6-2 所示。2018 年早、晚稻冠层平均温度分别增加 1.5 ℃和 2.1 ℃，2019 年早、晚稻季的冠层平均温度分别增加 1.9 ℃和 2.1 ℃，夜间增温幅度要高于白天。2018 年早、晚稻季土壤平均温度分别增加 1.7 ℃和 0.9 ℃，2019 年早、晚稻季土壤平均温度分别增加 1.2 ℃和 1.0 ℃。

表 6-1　水稻全生育期的冠层平均温度　　　　　单位：℃

年份	季别	处理	移栽至成熟期		
			昼夜	白天	夜间
2018	早稻	不增温	26.1	29.5	22.8
		增温	27.7	30.5	24.8
	晚稻	不增温	25.8	29.9	21.7
		增温	27.9	30.9	24.6
2019	早稻	不增温	24.6	27.5	21.7
		增温	26.5	28.7	24.3
	晚稻	不增温	26.8	31.2	22.7
		增温	29.0	32.8	25.2

表 6-2　水稻全生育期的土壤平均温度　　　　　　单位：℃

年份	季别	处理	移栽至成熟期		
			昼夜	白天	夜间
2018	早稻	不增温	25.4	29.3	21.7
		增温	27.1	30.9	24.6
	晚稻	不增温	26.1	30.3	21.7
		增温	27.0	31.2	22.8
2019	早稻	不增温	24.5	27.5	22.7
		增温	25.7	28.7	25.2
	晚稻	不增温	26.8	30.4	22.0
		增温	27.8	32.8	22.6

6.1.3　测定指标

6.1.3.1　温室气体的采集与测定

采用静态暗箱-气相色谱法测定稻田温室气体排放通量。自水稻移栽到成熟期，每 7 d 采集一次，并在分蘖盛期和晒田期间增加气体采集各一次。采气箱规格长（50 cm）×宽（50 cm）×高（50 cm），箱体由 PVC 材质制成，箱体高度随着水稻的高度增加而增加，即当水稻植株高度超过 50 cm 时，需额外增添一个相同尺寸的双向开口的箱体。箱体表面包裹海绵和锡箔纸，以防太阳直射引起箱内温度变化过快。采气箱内顶部安装一个电压为 12 V 的小型风扇，外接便携式蓄电池，以达到采气过程中混匀气体的目的，减小误差，采气时间为 8:30—11:30，在水稻小区内固定好凹槽底座与土壤平齐，采气期间各水层深度变化如图 6-1 所示。早、晚稻季底座内秧苗均为 4 穴，采气期间，保持凹槽内充满水以隔绝空气，时间间隔为 0 min、10 min、20 min、30 min 用 50 mL 针筒抽取箱内气体，多次抽取混匀后抽取 50 mL 保存于真空气袋中，迅速回实验室用 Agilent 7890b 气象色谱仪测定样品 CH_4 和 N_2O 气体浓度。CH_4 检测器为氢火焰离子化检测器（FID），N_2O 检测器为电子捕获检测器（ECD）。气体排放通量计算公式为

$$F = \rho \times h \times dc/dt \times 273/(273+T)$$

式中：F 为温室气体排放通量（$mg/m^2 \cdot h$ 或 $\mu g/m^2 \cdot h$）；ρ 为标准状况下的气体密度（kg/m^3）；h 为采气箱的净高度（cm）；dc/dt 为箱内温室气体的浓度变化率；

T 采气期间箱内平均温度（℃）；273 为气态方程常数。季节累积排放量计算采用加权平均得出[98]。

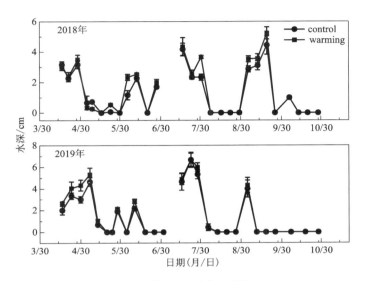

注：误差线表示标准差，下同。

图 6-1 双季稻试验期间水层深度变化（2018—2019 年）

6.1.3.2 全球增温潜势（GWP）和温室气体排放强度（GHGI）

全球增温潜势是指在 100 年的时间尺度上，单位质量的 CH_4 和 N_2O 的 GWP 分别为 CO_2 的 25 倍和 298 倍，以 CO_2 气体为当量，将 CH_4 和 N_2O 的排放量通过 GWP 值等效代换成 CO_2 量，以此来计算净 GWP（$kg \cdot CO_2^{eq}/hm^2$）。

$$GWP = 25CH_4 \text{ 累积排放量} + 298N_2O \text{ 累积排放量}$$

温室气体排放强度（GHGI，$kg \cdot CO_2^{eq}/kg$）的计算方法是以单位水稻产量的二氧化碳为当量，并作为一个指标来评估产量规模的排放，同时将环境影响与作物产量联系起来。

$$GHGI = GWP/\text{单位水稻产量}$$

6.1.3.3 产量及产量构成

于水稻成熟期调查每个小区内水稻有效穗数，并计算平均有效穗数，收取小区内全部水稻，人工脱粒，采取水漂法分离充实粒和空瘪粒，考察穗粒情况，测定含水率，折合成 14% 水分后测定实际产量，并计算每穗粒数、结实率和千粒重。

6.1.3.4 干物质、分蘖和株高

将收取的水稻植株，剪去水稻根须，清水洗净，按照茎，叶，穗分开，并用报纸包裹好，在 105 ℃烘箱下杀青 40 min 后，调整温度为 80 ℃继续烘干至恒重，再称重。在水稻移栽后每隔一段时间记录各小区分蘖和株高情况。

6.1.3.5 植株养分吸收

将烘干称重后的植株茎、叶和穗用微型植物粉碎机粉碎，过 0.25 mm 筛，称取粉样，植株全氮粉样消煮 1 h，冷却后用 kjeltec 2300 全自动凯氏定氮仪测全氮，植株茎、叶、穗中磷、钾用 $H_2SO_4-H_2O_2$ 法消煮后，用钼锑抗比色法在分光光度计上以 880 nm 的波长比色测定植株全磷，用火焰光度法测定植株全钾。

6.1.3.6 溶解有机碳和铵态氮、硝态氮

于分蘖盛期取溶解有机碳(DOC)。采集新鲜土样，不同的处理分别采集 3 个点并将各点鲜土完全混合在一起后密封，立即带回实验室，剔除掉表面可见的作物残体及土壤异物(石头等)，放置于 4 ℃低温冰箱保存。

称取 10 g 鲜土与 2 mol/L KCl(土水比为 1∶5)在 20 ℃环境下振荡 1 h，土壤溶液在 8000 r/min 离心 10 min，上清液可直接送入 TOC 分析仪测定 DOC，同时称取 15~30 g 鲜土放入铝盒中于 105 ℃下烘干并测定土壤水分。上清液用定量滤纸过滤后用于测定土壤铵态氮、硝态氮含量。在紫外可见分光光度计以 220 nm 和 275 nm 波长比色测定土壤浸出液中硝态氮含量，在分光光度计上以 625 nm 波长比色测定铵态氮含量。

6.1.4 统计分析

统计分析采用 SPSS 18.0 统计软件于 $P<0.05$ 水平上进行方差分析及多重比较。

6.2 结果分析

6.2.1 产量与生物量

由表 6-3 可知，增温对双季早、晚稻产量及其构成(有效穗数、每穗粒数、结

实率和千粒重)均无显著影响。增温有增加 2018 年早、晚稻产量的趋势,而在 2019 年出现减产的趋势,但统计分析均没有达到显著水平。由表 6-4 可知,增温对早、晚稻茎、叶、穗和地上部生物量均无显著影响。

表 6-3　增温对双季稻产量及产量构成因子的影响

年份	季别	处理	有效穗数 /m^2	每穗粒数 /(panicle^{-1})	结实率 /%	千粒重 /mg	产量 /(t·hm^{-2})
2018	早稻	不增温	234a	126a	70.2a	26.1a	5.20a
		增温	256a	111a	81.5a	26.2a	6.12a
	晚稻	不增温	224a	160a	91.0a	25.5a	6.24a
		增温	234a	154a	91.4a	25.4a	6.83a
2019	早稻	不增温	202a	129a	88.3a	25.7a	5.53a
		增温	206a	123a	83.0a	25.8a	5.40a
	晚稻	不增温	212a	169a	80.1a	25.4a	7.15a
		增温	212a	183a	79.6a	25.3a	7.06a

注:同一列的不同英文小写字母表示同一年份同一季别的不同处理间差异显著($P<0.05$)。

表 6-4　增温对双季稻成熟期地上部生物量的影响

年份	季别	处理	茎 /(t·hm^{-2})	叶 /(t·hm^{-2})	穗 /(t·hm^{-2})	地上部生物量 /(t·hm^{-2})
2018	早稻	不增温	3.54a	1.05a	5.54a	10.13a
		增温	3.95a	1.22a	6.65a	11.82a
	晚稻	不增温	3.82a	1.91a	6.48a	12.21a
		增温	3.53a	1.82a	7.27a	12.62a
2019	早稻	不增温	2.13a	0.74a	6.17a	9.04a
		增温	2.11a	0.83a	6.60a	9.54a
	晚稻	不增温	3.45a	1.94a	8.43a	13.82a
		增温	3.16a	1.77a	8.40a	13.33a

注:同一列的不同英文小写字母表示同一年份同一季别的不同处理间差异显著($P<0.05$)。

6.2.2 分蘖与株高

如图 6-2 所示，两个处理下水稻分蘖规律趋势基本一致，从水稻种植到分蘖盛期，分蘖数不断增加，均在分蘖期达到最多，之后分蘖数逐渐减少。与不增温处理相比，增温处理下，有利于水稻分蘖数的增加，于分蘖末期晒田后各处理分蘖数逐渐减少，而后趋于稳定。两个处理水稻生长期间早、晚稻植株高度变化有所不同。增温处理有利于促进 2019 年早稻植株移栽到分蘖前期高度的增长，而后增长幅度低于不增温处理。与早稻不同，分蘖前期，增温处理下水稻植株高度有所下降，但下降幅度不大，整个水稻生长季的处理间株高相对比较平稳，并无明显变化。

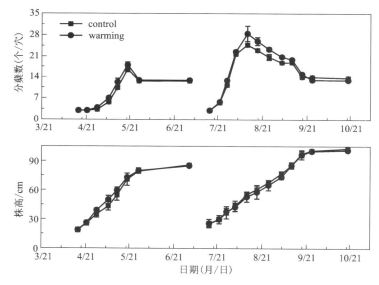

图 6-2 增温对水稻分蘖和株高动态变化的影响(2019 年)

6.2.3 养分浓度

增温对水稻成熟期茎鞘、叶片和穗中氮素、磷素、钾素浓度的影响如表 6-5 所示。结果表明，两个处理水稻成熟期氮素、磷素、钾素浓度无显著差异。其中，穗中氮素浓度最高，较不增温处理相比，增温处理有促进氮素浓度的趋势；叶片中磷素浓度最高；茎中钾素浓度最高。

表 6-5　增温对双季稻成熟期植株养分浓度的影响

年份	季别	处理	氮素浓度 /(g·kg)$^{-1}$			磷素浓度 /(g·kg^{-1})			钾素浓度 /(g·kg^{-1})		
			茎	叶	穗	茎	叶	穗	茎	叶	穗
2018	早稻	不增温	1.82a	3.33a	4.56a	0.32a	0.66a	0.53a	8.46a	4.23a	2.11a
		增温	1.11a	2.65a	4.57a	0.36a	0.69a	0.49a	9.15a	4.58a	2.29a
	晚稻	不增温	1.34a	2.58a	3.65a	0.28a	0.75a	0.36a	5.37a	2.69a	1.34a
		增温	1.55a	2.27a	3.75a	0.30a	0.88a	0.33a	5.41a	2.70a	1.35a
2019	早稻	不增温	1.49a	4.22a	6.63a	0.26a	0.41a	0.31a	5.35a	2.67a	1.34a
		增温	1.69a	4.35a	5.00a	0.33a	0.35a	0.41a	5.15a	2.58a	1.29a
	晚稻	不增温	1.22a	3.59a	4.18a	0.19a	0.41a	0.22a	5.07a	2.54a	1.27a
		增温	1.36a	3.08a	4.00a	0.25a	0.30a	0.31a	4.33a	2.16a	1.08a

注：同一列的不同英文小写字母表示同一年份同一季别的不同处理间差异显著（$P<0.05$）。

6.2.4　养分吸收

增温对两年双季稻成熟期氮素吸收的影响如图 6-3 所示，增温能够显著提高两年早稻氮素吸收，与不增温处理相比，增温处理在 2018 年和 2019 年早稻氮素吸收分别提高了 36.1% 和 17.9%。增温对晚稻氮素吸收无显著差异。

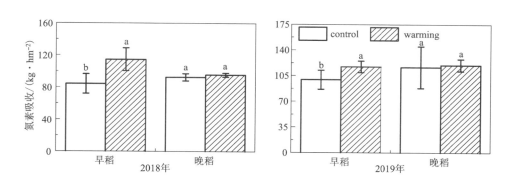

注：图中不同小写字母表示不同处理间差异显著（$P<0.05$）。误差线表示标准差（$n=3$）。

图 6-3　增温对双季稻成熟期植株氮素吸收的影响

由图 6-4 所示，开放式主动增温对两年双季早、晚稻磷素吸收无显著影响，综合表现为增温对晚稻磷素吸收有降低的趋势，统计分析不显著。

开放式增温对两年双季早、晚稻钾素吸收均无显著影响(图6-5)。2018年和2019年试验期间结果表明，与不增温处理相比，增温处理有增加水稻成熟期植株钾素吸收的趋势，但差异不显著。

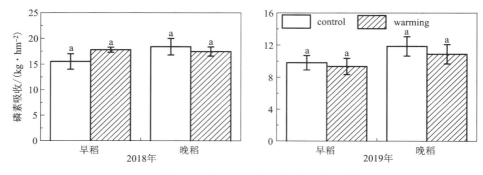

图6-4 增温对双季稻成熟期植株磷素吸收的影响

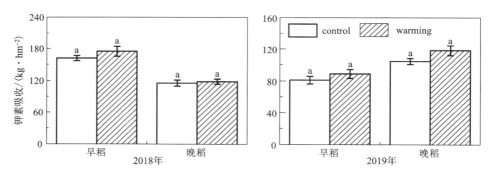

图6-5 增温对双季稻成熟期植株钾素吸收的影响

6.2.5 甲烷(CH_4)排放通量

如图6-6所示，2018年两处理CH_4排放通量季节变化规律基本一致。2018年早、晚稻试验周期内，两处理CH_4排放通量季节变化幅度为-1.65 mg/m^2·h、-28.92 mg/m^2·h。在水稻生长季节，稻田CH_4排放通量随着移栽的天数逐渐增加，早稻季于分蘖中期(5月9日)监测到最大排放峰，晚稻季于水稻移栽一周后监测到排放高峰。早、晚稻排放峰值均表现为：增温排放峰 > 不增温排放峰，与不增温处理相比，增温处理早、晚稻CH_4排放峰值分别提高72.8%、19.9%。而后经历水稻生育历程的排水晒田后，两种处理CH_4排放通量迅速降低，水稻生长后期复水和干湿交替灌溉模式也并未出现排放峰，保持较低的排放量。

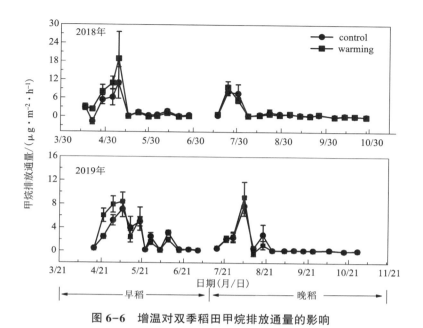

图 6-6　增温对双季稻田甲烷排放通量的影响

2019 年早、晚稻试验周期内两个处理 CH_4 排放通量季节变化幅度为 -0.31 mg/m² · h、-9.17 mg/m² · h(图 6-6)。水稻移栽后 CH_4 排放通量逐渐增加，与 2018 年不同，2019 年早稻在水稻分蘖前期和末期监测到 2 个 CH_4 排放峰，分别为 5 月 7 日和 5 月 20 日(5 月 7 日监测到的为最高排放峰，与不增温处理相比，增温处理下 CH_4 排放通量提高了 17.6%)。复水后监测到 2 个微弱的排放峰，直至水稻收获 CH_4 排放通量一直处于微弱状态，趋近于零。晚稻季在 8 月 5 日监测到最高排放峰，与不增温处理相比，增温处理下 CH_4 排放通量提高了 19.3%，在复水施肥后监测的一个较低排放峰，而后一直处于微弱的排放，趋近于零。

6.2.6　氧化亚氮(N_2O)排放通量

由图 6-7 可知，在本试验周年内，两个处理 N_2O 排放通量在水稻生长季排放规律趋势基本一致。2018 年和 2019 年两个处理 N_2O 排放通量的变化幅度分别为 -5.73 μg/m² · h、-587.66 μg/m² · h。两个处理在水稻生育前期和后期 N_2O 排放通量均表现为大气 N_2O 微弱的源或汇，排放通量接近于零。2018 年早稻季在 5 月 16 日监测到最高排放峰，增温处理较不增温处理增加了 53.2%，晚稻季分别于 8 月 7 日和 8 月 22 日监测到排放峰, 8 月 7 日峰值最高, 增温显著提高了 N_2O 排放通量。

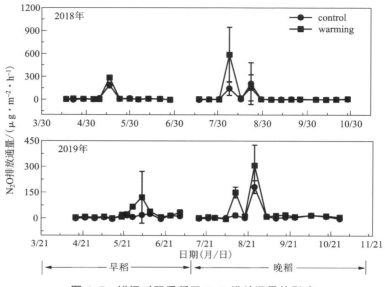

图 6-7　增温对双季稻田 N_2O 排放通量的影响

2019 年早稻季阴天雨水多, 稻田持续淹水, 两个处理 N_2O 排放无明显的排放规律, 但是从图 6-7 可以看出晒田期间增温处理下 N_2O 排放通量 > 不增温处理下 N_2O 排放通量。晚稻季 N_2O 排放与 2018 年类似, 出现了两个排放峰, 分别在 8 月 12 日和 8 月 26 日, 8 月 26 日晒田末端监测值最大, 与不增温处理相比, 增温处理高峰期 N_2O 排放提高了 16.6%。

6.2.7　甲烷(CH_4)累积排放量

CH_4 累积排放量对温度升高的响应如图 6-8 所示。结果表明, 2018 年试验期间, 增温处理下, 早、晚稻 CH_4 累积排放总量总体表现为增温高于不增温处理, 增温有增加 CH_4 累积排放总量的趋势; 2019 年试验期间, 与 2018 年结果一致, 在早、晚稻季, 增温能够增加水稻生育期 CH_4 累积排放总量, 但统计分析不显著。

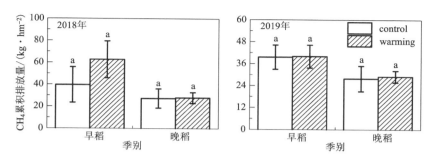

图 6-8　增温对双季稻田 CH_4 累积排放量的影响

6.2.8　氧化亚氮(N_2O)累积排放量

N_2O 累积排放量对温度升高的响应如图 6-9 所示。与不增温处理相比,增温能够显著增加 N_2O 累积排放总量,在 2018 年早、晚稻季分别较不增温处理增加了 67.4% 和 97.3%;在 2019 年早、晚稻季分别增加了 66.7% 和 100%。

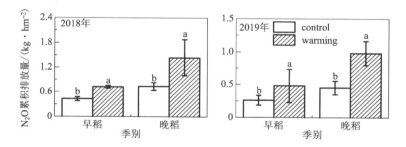

注:图中不同小写字母表示不同处理间差异显著($P<0.05$)。误差线表示标准差($n=3$)。

图 6-9　增温对双季稻田 N_2O 累积排放量的影响

6.2.9　综合温室效应(GWP)

如图 6-10 所示,增温对两年双季早、晚稻 GWP 无显著影响。与不增温处理相比,增温有提高 GWP 的趋势,2018 年早、晚稻 GWP 分别提高了 58.9% 和 24.4%;2019 早、晚稻 GWP 分别提高了 15.4% 和 25%,但均不显著。

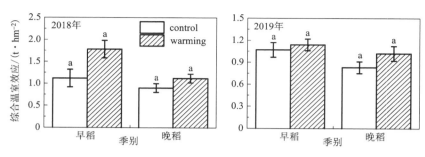

图 6-10 增温对双季稻田综合温室效应(GWP)的影响

6.2.10 温室气体排放强度(GHGI)

增温对双季稻温室气体排放强度的影响如图 6-11 所示。结果表明,增温对稻田温室气体排放强度无显著影响。2018 年试验数据表现为:与不增温处理相比,早、晚稻 GHGI 分别提高了 31.8%和 42.9%。2019 年试验数据表现为:增温较不增温处理 GHGI 分别提高了 0.11%和 0.17%。

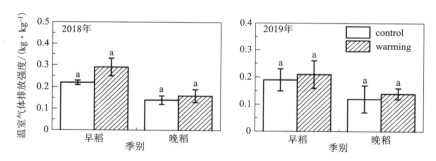

图 6-11 增温对双季稻田温室气体排放强度(GHGI)的影响

6.2.11 溶解有机碳

如图 6-12 所示,增温对两年双季早、晚稻溶解有机碳浓度无显著影响,但是可以看出,增温与不增温处理相比,有提高土壤溶解有机碳含量的趋势,并与 CH_4 排放规律相吻合。

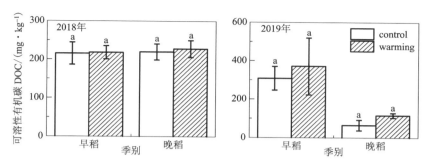

图 6-12　增温对分蘖期土壤溶解有机碳浓度的影响

6.2.12　铵态氮与硝态氮

如图 6-13 所示，增温对双季稻晒田期土壤铵态氮、硝态氮浓度无显著影响。与不增温处理相比，增温有增加早稻铵态氮、硝态氮浓度的趋势，但是统计分析不显著。增温较不增温处理对晚稻土壤铵态氮、硝态氮浓度无明显差异。

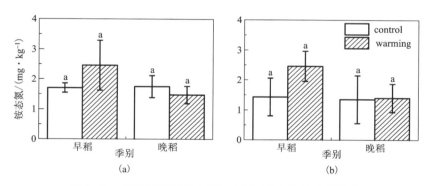

图 6-13　增温对晒田期土壤铵态氮、硝态氮浓度的影响

6.3　小结

增温对早、晚稻产量及其产量构成均无显著影响。增温对早、晚稻各部位氮、磷和钾的浓度均无显著影响。增温能够显著增加早稻氮素吸收，但对晚稻氮

素吸收无显著影响。增温对早、晚稻磷素和钾素吸收均无显著影响。此外,增温对水稻分蘖期土壤溶解有机碳、铵态氮和硝态氮浓度均无显著影响。与不增温相比,增温有增加双季稻田 CH_4 累积排放量的趋势,但无显著差异。增温显著增加双季稻田 N_2O 累积排放量。增温处理下早、晚稻季 GWP 和 GHGI 有增加的趋势,但是处理间均无显著差异。

第7章

开放式增温与播期对双季稻产量和温室气体排放的影响

水稻是我国主要种植的粮食作物之一。温度的变化能够直接影响水稻的物质积累、产量以及氮（N）等营养元素的吸收[99]。以往的研究表明温度升高会导致水稻生育期缩短，最终使得水稻产量降低[100-102]。调整播期是调整水稻生育期内温光资源的有效措施。在水稻生产中选择适宜的播期有益于最大程度地利用温光资源，这也是实现水稻优质高产的前提[103, 104]。前人研究发现，播期推迟使得水稻生育期内的日均温、有效积温、齐穗-成熟期的日照时数呈下降趋势[105]。姚正兰等[106]研究发现，播期推迟会使水稻生育期积温和日照时长下降，从而导致水稻生育期缩短。龚金龙等[102]研究发现，播期推迟将会使水稻生育期缩短，缩短的时长主要在出苗-抽穗发育阶段。胡启星[107]的研究也表明，播期推迟可以加速水稻生育进程，缩短营养生长期和生殖生长期，从而使得全生育期缩短。然而也有研究发现，播期推迟对水稻全生育期无显著影响[105]。

双季稻种植区是我国主要的水稻产地之一，为我国粮食安全做出了重要贡献，同时双季稻田也是农业温室气体排放的主要来源之一[108-110]。气候变暖使水稻适宜生长期延长，而调整播期（早稻提早播种、晚稻延迟播种）能够增加早、晚稻之间的空闲期，这可能有利于减少稻田淹水时间、促进稻田秸秆有氧分解，从而降低稻田 CH_4 排放[111, 112]。同时调整播期能减轻高温天气对水稻生产的不利影响[113, 114]。故我们假设增温处理下调整播期能在稳定水稻产量的同时，减少稻田温室气体排放。为此，我们在南方双季稻田开展增温和播期两因素试验，旨在探究二者对双季稻产量和温室气体排放的影响及互作效应，从而为未来气候变暖下水稻的种植和温室气体的减排工作提供科学的依据。

7.1 材料与方法

>>>

7.1.1 试验地概况

同第 1 章 1.1.1 试验地概况。

7.1.2 试验设计

本试验采取的田间开放式增温系统设计同第 1 章 1.1.2 试验设计。

试验采用两因素裂区设计。以播期为主区,设置两个处理:正常播期(S1)为双季稻播种时间;调整播期(S2),其中早稻 S2 提前 10 天播种,晚稻 S2 推迟 10 天播种。以开放式增温为副区,设置两个处理:增温(W),全生育期不间断增温;不增温(C),安装与增温相同的增温系统,但不供电。本试验共 4 个处理,每个处理重复 3 次,总计 12 个小区,各试验小区面积均为 48 m²。

早稻品种为湘早籼 45 号,全生育期 106 天左右,株高 80~85 cm;晚稻品种为万象优华占,全生育期 125 天,株高 102.5 cm。两个品种均被当地广泛应用,采用大田水育秧方式。早稻 S1 播种日期为 3 月 19 日,移栽日期为 4 月 15 日;S2 播种日期为 3 月 9 日,移栽日期为 4 月 5 日;栽插规格为 15.0 cm×15.0 cm,基本苗数为每穴 3 株。晚稻 S1 播种日期为 6 月 18 日,移栽日期为 7 月 14 日;S2 播种日期为 6 月 24 日,移栽日期为 7 月 24 日;栽插规格为 15.0 cm×15.0 cm,基本苗数为每穴 2 株,采用人工移栽。本试验以尿素、钙镁磷肥和氯化钾分别作为氮肥、磷肥和钾肥,其中早、晚稻的氮肥用量分别为 165 kg/hm²、210 kg/hm²;早稻磷肥(P_2O_5)、钾肥(K_2O)的施用量分别为 82 kg/hm²、148 kg/hm²,晚稻为 105 kg/hm²、189 kg/hm²。本试验中,全部磷肥、钾肥和 50% 的氮肥作基肥施用;20% 的氮肥作分蘖肥施用;剩余 50% 的钾肥和 30% 的氮肥作穗肥施用。田间水分管理为水稻生育前期浅水灌溉,分蘖盛期排水晒田,后期采用干湿交替灌溉方式,直至水稻收获前 10 天左右自然排干。田间病、虫、草害等管理与当地高产措施一致。此外,早、晚稻秸秆全量原位还田。

7.1.3 测定指标

7.1.3.1 产量及其构成因子

水稻成熟时在每个小区内考察有效穗数,并计算平均有效穗数。收取小区内的所有水稻,手工脱粒后用水漂法考察穗粒结构。风干至恒重后,计算得出千粒重、每穗粒数、结实率以及水稻产量。

7.1.3.2 生物量

将收取带回的水稻根部用清水冲洗干净后剪去根部,人工将茎、叶以及穗三部分分离,分样完成后将其放入 105 ℃烘箱杀青 30 min,后将烘箱温度调整为 80 ℃烘干至恒重,再进行称重。水稻地上部茎、叶、穗三部分相加则为地上部生物量。

7.1.3.3 养分吸收

将准备好的样品称取 0.5 g 放入消煮管并消煮 1 h,冷却后使用全自动凯氏定氮仪测定植株全氮。植株的磷、钾均采用 $H_2SO_4-H_2O_2$ 方法消煮,后使用钼锑抗比色法测定植株全磷,用火焰光度计法测定植株全钾。

7.1.3.4 硝态氮、铵态氮以及溶解有机碳

水稻分蘖盛期时,于每个试验小区内采集新鲜土样,使用取土器在每个小区内取三个不同点的鲜土混匀后装入自封袋密封,后将样品带回实验室进行处理。使用 5 mm 筛将作物残渣以及其他杂质筛出后,将样品置于 5 ℃低温冰箱保存。

在 20 ℃环境下将称取的 10 g 鲜土与 2 mol/L KCl(土水比为 1∶5)振荡一小时,土壤溶液 8000 r/min 离心 10 min 后,上清液运用碳氮分析仪测定 DOC。同时称取 30 g 左右鲜土置入铝盒中,在 105 ℃下烘干并测定土壤含水率。上清液用定性滤纸过滤后用于测定土壤铵态氮、硝态氮含量。紫外分光光度计法测定土壤硝态氮含量,苯酚-次氯酸钠比色法测定铵态氮含量。

7.1.3.5 温室气体的采集与测定

采用静态暗箱(箱体由不锈钢板制成,在箱体外包一层海绵和铝箔,这样可以避免太阳直射等引起箱内空气、温度的变化。箱体规格为 50 cm×50 cm× 50 cm)。采用气相色谱法进行田间温室气体的采集与测定。为减少气体采集过

111

程中对水稻的踩踏,移栽前一天在田间放置长条板凳。自水稻移栽至成熟期,每7天采集一次,分蘖盛期相对应的多采一次,每次于9:00—11:00采集。在水稻小区内固定好静态暗箱凹槽底座与土面平齐,采气期间凹槽内注满水以隔绝空气,分别在0 min、10 min、20 min、30 min用50 mL针筒采集箱内气体,多次抽取混匀后抽取40 mL保存于真空气袋中,同时记录箱体内温度变化与田间水层深度。将采集好的样品带回实验室用气相色谱仪(Agilent 7890B)测定。CH_4由氢火焰离子化检测器(FID)测定,N_2O检测器为电子捕获检测器(ECD)。气体测定时仪器具体参数设定参照文献。温室气体排放通量的计算公式如下:

$$F = \rho \times h \times dc/dt \times 273/(T+273)$$

周年温室气体排放 = 早稻气体累积排放 + 晚稻气体累积排放

式中:F为CH_4排放通量($mg/m^2 \cdot h$)和N_2O排放通量($\mu g/m^2 \cdot h$)的总和;ρ为标准状态下的气体密度(kg/m^3);h为采气暗箱的净高度(cm);dc/dt为单位时间内暗箱内温室气体的排放速率;T为采样箱内的平均温度(℃);273为气态方程常数。季节累积排放量计算参考前人计算公式得出[98]。

7.1.3.6　综合温室效应计算

以全球增温潜势来表示综合温室效应(global warming potential,GWP)。单位质量浓度的CH_4和N_2O在100年尺度上的全球增温潜势分别为CO_2的28倍和265倍,根据CO_2当量计算综合温室效应(GWP),公式为:

$$GWP(kg \cdot CO_2^{-eq}/hm^2) = 28 \times CH_4 累积排放量 + 265 \times N_2O 累积排放量$$

周年 GWP($kg \cdot CO_2^{-eq}/hm^2$) = 早稻 GWP + 晚稻 GWP

以温室气体排放强度(greenhouse gas intensity,GHGI)表示单位产量排放的GWP,并将环境影响与作物产量联系起来,综合评价稻田温室气体排放,公式为:

$$GHGI = GWP/单位水稻产量$$

周年 GHGI = 早稻 GHGI + 晚稻 GHGI

7.1.4　统计分析

数据采用 Origin 2018 作图,统计分析使用 SPSS 22.0 进行,采用增温(T)、播期(S)以及年份(Y)三因素的方差分析,用 LSD 法于 $P<0.05$ 和 $P<0.01$ 处进行显著性检验。

7.2　结果分析

>>>

7.2.1　增温效果

2021 年与 2022 年两年试验期间水稻全生育期各阶段内的冠层与土壤平均温度变化如表 7-1~表 7-4 所示。其中，2021 年、2022 年间正常播期的早稻冠层平均温度分别增加 1.8 ℃、1.6 ℃，晚稻冠层平均温度分别增加 2.2 ℃、0.8 ℃；调整播期的早稻冠层平均温度分别增加 1.9 ℃、2.1 ℃，晚稻冠层平均温度分别增加 1.3 ℃、1.5 ℃。2021 年、2022 年间正常播期的早稻土壤平均温度分别增加 2.2 ℃、1.6 ℃，晚稻土壤平均温度分别增加 0.8 ℃、1.2 ℃；调整播期的早稻土壤平均温度分别增加 1.8 ℃、1.9 ℃，晚稻土壤平均温度分别增加 1.5 ℃、1.3 ℃。

水稻生育期内的冠层与土壤温度的平均日变化如图 7-1 与图 7-2 所示。增温和不增温处理试验小区内的温度变化趋势基本一致，这表明增温能够较好地模拟田间温度变化特征，试验增温效果可靠。因此，此增温系统能够满足试验对温度的需求。

表 7-1　早稻冠层昼夜、白天和夜间平均温度　　　　　　　　单位：℃

年份	处理		移栽-分蘗			分蘗-抽穗			抽穗-成熟			移栽-成熟		
			昼夜	白天	夜间	昼夜	白天	夜间	昼夜	白天	夜间	昼夜	白天	夜间
2021	S1	C	22.5	24.7	19.8	24.5	27.0	21.5	25.7	31.2	28.6	27.6	23.4	25.2
		W	24.4	26.2	22.2	26.7	28.7	24.3	28.1	33.1	31.2	29.4	25.1	27.4
		增幅	1.9	1.5	2.4	2.2	1.7	2.8	2.4	1.9	2.6	1.8	1.7	2.2
	S2	C	19.8	21.6	17.8	23.7	25.8	21.5	25.8	31.2	28.4	24.0	26.2	21.8
		W	21.3	22.7	19.6	25.9	27.4	24.2	27.6	32.8	30.4	25.9	27.7	23.9
		增幅	1.5	1.1	1.8	2.2	1.6	2.7	1.8	1.6	2	1.9	1.5	2.1

续表 7-1 单位：℃

年份	处理		移栽-分蘖			分蘖-抽穗			抽穗-成熟			移栽-成熟		
			昼夜	白天	夜间	昼夜	白天	夜间	昼夜	白天	夜间	昼夜	白天	夜间
2022	S1	C	23.1	25.3	20.5	25.3	27.1	22.9	29.5	31.8	26.7	26.2	28.3	23.6
		W	24.7	26.9	22.6	26.8	28.5	24.5	31.3	33.5	28.7	27.8	29.8	25.3
		增幅	1.7	1.6	2.1	1.5	1.4	1.6	1.8	1.7	2	1.6	1.5	1.7
	S2	C	21.1	18.9	22.9	22.4	24.3	20.0	27.2	29.6	24.3	21.2	23.8	25.3
		W	23.4	20.7	25.5	24.1	25.8	22.0	28.8	30.8	26.4	23.3	25.6	27.6
		增幅	2.3	1.8	2.4	1.7	1.5	2	1.6	1.2	2.1	2.1	1.8	2.3

注：C、W 分别为不增温、增温处理；S1 为正常播期，S2 为调整播期；表中数值为均值。

表 7-2 早稻土壤昼夜、白天和夜间平均温度 单位：℃

年份	处理		移栽-分蘖			分蘖-抽穗			抽穗-成熟			移栽-成熟		
			昼夜	白天	夜间	昼夜	白天	夜间	昼夜	白天	夜间	昼夜	白天	夜间
2021	S1	C	22.3	24.7	19.5	24.5	27.0	22.3	28.6	31.1	26.8	25.2	27.6	23.4
		W	24.2	26.2	21.9	26.7	28.7	24.3	31.2	33.1	28.9	27.4	29.4	25.1
		增幅	1.9	1.5	2.4	2.2	1.7	2	2.6	2	2.1	2.2	1.8	1.7
	S2	C	20.3	20.8	19.7	23.6	23.8	23.4	26.1	26.2	26.5	23.5	23.8	23.2
		W	21.5	21.8	21.2	24.2	24.3	24.1	27.1	27.2	27.0	24.3	24.4	24.1
		增幅	1.2	1	1.5	1.6	1.5	1.7	1.8	2	1.5	1.8	1.6	1.9
2022	S1	C	21.7	21.8	21.4	22.3	22.5	22.2	25.5	25.7	25.0	23.3	23.4	23.2
		W	23.4	23.6	23.3	24.0	23.8	24.2	27.0	27.2	26.9	24.9	25.1	24.9
		增幅	1.7	1.8	1.9	1.7	1.3	2	1.5	1.7	1.9	1.6	1.7	1.7
	S2	C	23.8	25.1	24.8	25.9	26.2	24.9	29.2	29.8	28.7	26.7	27.1	26.6
		W	26.1	27.3	27.2	27.1	27.5	27.0	31.5	31.6	31.2	28.6	28.9	28.8
		增幅	2.3	2.2	2.4	1.1	1.3	2.1	2.3	1.8	2.5	1.9	1.8	2.2

注：C、W 分别为不增温、增温处理；S1 为正常播期，S2 为调整播期；表中数值为均值。

表 7-3　晚稻冠层昼夜、白天和夜间平均温度　　　　　　　　　单位：℃

年份	处理		移栽-分蘖			分蘖-抽穗			抽穗-成熟			移栽-成熟		
			昼夜	白天	夜间	昼夜	白天	夜间	昼夜	白天	夜间	昼夜	白天	夜间
2021	S1	C	31.1	33.9	28.0	27.1	31.9	29.3	27.5	30.8	24.3	28.9	31.9	26.0
		W	32.9	35.2	30.0	29.0	33.5	31.5	29.7	32.6	26.7	31.1	33.6	28.4
		增幅	1.8	1.3	2.0	1.9	1.6	2.2	2.2	1.82	2.4	2.2	1.7	2.3
	S2	C	30.8	34.3	27.3	29.4	33.3	26.4	24.9	28.9	21.0	28.4	32.2	24.7
		W	31.5	35.6	28.9	31.5	34.6	28.9	26.6	29.7	23.6	29.9	33.0	27.1
		增幅	0.7	1.3	1.6	2.1	1.3	2.5	1.7	0.8	2.6	1.5	0.8	2.4
2022	S1	C	28.7	32.9	35.4	30.1	33.8	25.5	21.2	16.7	24.8	26.6	30.5	21.8
		W	29.4	33.5	36.9	31.3	35.0	26.9	21.9	17.4	25.8	27.4	31.2	23.0
		增幅	0.7	0.6	1.5	1.2	1.2	1.4	0.7	0.7	1.0	0.8	0.7	1.2
	S2	C	32.8	36.8	28.8	29.2	33.7	24.8	20.8	25.3	16.3	26.2	30.6	21.8
		W	34.0	37.6	30.4	30.7	34.2	26.9	22.7	26.6	18.8	28.3	31.9	24.4
		增幅	1.2	0.8	1.6	1.5	0.5	2.1	1.9	1.3	2.5	2.1	1.3	2.6

注：C、W 分别为不增温、增温处理；S1 为正常播期，S2 为调整播期；表中数值为均值。

表 7-4　晚稻土壤昼夜、白天和夜间平均温度　　　　　　　　　单位：℃

年份	处理		移栽-分蘖			分蘖-抽穗			抽穗-成熟			移栽-成熟		
			昼夜	白天	夜间	昼夜	白天	夜间	昼夜	白天	夜间	昼夜	白天	夜间
2021	S1	C	30.3	30.4	30.3	28.3	28.5	28.2	25.4	25.7	25.3	27.5	27.6	27.4
		W	31.9	32.1	31.8	28.8	28.9	28.7	26.0	27.0	25.8	28.4	28.8	28.4
		增幅	1.6	1.7	1.52	0.5	0.4	0.5	0.5	1.40	0.5	0.8	1.2	1.0
	S2	C	30.7	30.8	30.6	28.6	28.7	28.6	23.0	23.1	23.0	26.3	26.4	26.3
		W	32.7	33.0	32.4	29.6	29.8	29.5	23.6	23.7	23.5	27.6	27.8	27.4
		增幅	2.0	2.2	1.8	1.0	1.0	0.9	0.6	0.6	0.5	1.3	1.4	1.1
2022	S1	C	30.2	30.5	29.9	27.8	27.9	27.7	19.8	20.0	19.6	24.5	24.6	24.4
		W	31.6	31.8	31.3	28.4	28.6	28.2	20.4	20.6	20.1	25.7	25.9	25.7
		增幅	1.4	1.3	1.4	0.6	0.7	0.5	0.6	0.6	0.5	1.2	1.3	1.3
	S2	C	31.5	31.7	31.4	28.1	28.2	27.9	22.8	23.0	22.6	25.5	25.6	25.5
		W	33.3	33.5	33.2	29.1	29.2	28.8	24.0	24.2	23.8	27.0	27.1	26.8
		增幅	1.8	1.7	1.8	1.0	1.1	0.9	1.2	1.2	1.1	1.5	1.5	1.3

注：C、W 分别为不增温、增温处理；S1 为正常播期，S2 为调整播期；表中数值为均值。

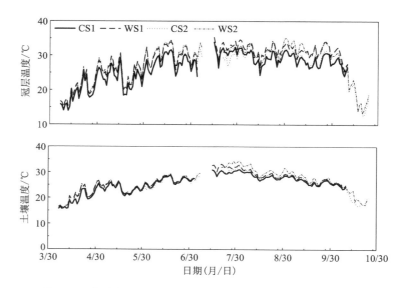

注：C、W 分别为不增温、增温处理；S1 为正常播期，S2 为调整播期。

图 7-1 水稻生长季的冠层和土壤温度变化（2021 年）

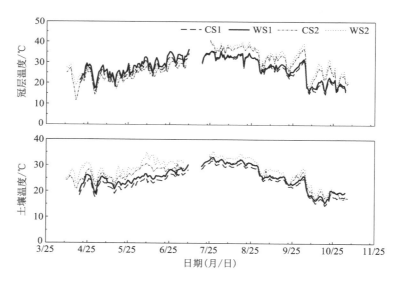

注：C、W 分别为不增温、增温处理；S1 为正常播期，S2 为调整播期。

图 7-2 水稻生长季的冠层和土壤温度变化趋势（2022 年）

7.2.2　产量及其构成

7.2.2.1　早稻产量及其构成

由表 7-5 可知,与不增温相比,增温平均增加早稻结实率 16.0%,对早稻有效穗数、每穗粒数、千粒重和产量均无显著影响。播期对早稻有效穗数、每穗粒数、千粒重以及产量均有显著影响。与 S1 相比,早稻期间 S2 处理下的有效穗数显著增加 11.3%,每穗粒数与千粒重显著下降 9.2%、2.1%,产量显著增加 7.2%。与 2021 年相比,2022 年早稻期间结实率、千粒重显著下降 7.1%、6.9%,而有效穗数却显著增加 27.5%。年份与播期对早稻季的有效穗数、每穗粒数、结实率存在显著的互作效应(图 7-3)。2022 年 S2 处理较 2021 年 S2 处理下的有效穗、结实率显著增加,每穗粒数显著下降。

表 7-5　增温与播期对早稻产量及产量构成因子的影响

处理		有效穗数 /m²	每穗粒数 /panicle⁻¹	结实率 /%	千粒重 /mg	产量 /(t·hm⁻²)
增温(T)	C	204a	127a	72.6b	25.3a	5.09a
	W	198a	121a	84.2a	24.8a	4.75a
播期(S)	S1	189b	130a	76.5a	25.3a	4.75b
	S2	213a	118b	80.2a	24.8b	5.09a
年份(Y)	2021	200b	129a	81.3a	25.9a	5.49a
	2022	255a	119a	75.5b	24.1b	5.37a
F 值	T×S	0.73	0.17	5.52*	1.06	0.01
	T×Y	0.57	1.24	0.21	0.82	0.31
	S×Y	52.1**	7.99*	5.52*	0.33	0.13
	T×S×Y	3.25	1.53	1.79	0.18	0.28

注:C、W 分别为不增温、增温处理;S1 为正常播期,S2 为调整播期;表中数值为均值;同一列中的不同小写字母表示不同处理间在 $P<0.05$ 水平差异显著;* 和 ** 分别表示在 $P<0.05$ 和 $P<0.01$ 水平差异显著。本研究中的产量均为理论产量。

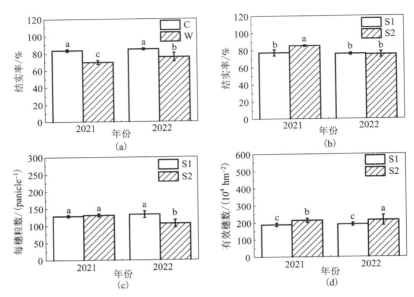

注：C、W 分别为不增温、增温处理；S1 为正常播期，S2 为调整播期；图中不同小写字母表示不同处理间在 $P<0.05$ 水平差异显著。误差线表示标准差（$n=3$）。

图 7-3　增温、播期以及年份对早稻产量及其构成的互作效应

7.2.2.2　晚稻产量及其构成

与不增温相比，增温处理下的晚稻有效穗数显著增加 8.5%、结实率下降 7.1%，每穗粒数、千粒重、产量均无显著变化（表 7-6）。播期对晚稻产量及产量构成均无显著的影响。与 2021 年晚稻相比，2022 年间晚稻的有效穗数、千粒重、产量分别显著增加 32.4%、5.5%、11.2%，每穗粒数显著下降 20.6%。

年份与播期对晚稻的有效穗数有显著互作效应（图 7-4）。在 S1 处理下，与 2021 年相比，2022 年有效穗数显著增加 16.8%；在 S2 处理下，与 2021 年相比，2022 年有效穗数显著增加 16.9%。播期与年份、增温与年份对结实率和产量均存在显著的互作效应。在 S1 处理下，与 2021 年相比，2022 年的结实率显著下降 9.8%；在 S2 处理下，与 2021 年相比，2022 年的结实率显著增加 11.4%。在不增温处理下，与 2021 年结实率相比，2022 年结实率显著下降 11.5%。在增温处理下，与 2021 年结实率、产量相比，2022 年结实率显、产量分别显著增加 15.2%、25.2%。

7.2.3　地上部生物量

7.2.3.1　早稻地上部生物量

增温对早稻地上部生物量无显著影响(表7-7)。播期对早稻茎、叶、穗以及地上部总生物量均有显著影响。与S1相比,S2处理下的茎、叶、穗、地上部总生物量分别显著增加22.6%、20.0%、10.9%、16.3%。年份之间的茎、叶、穗以及地上部总生物量具有显著的差异;与2021年相比,2022年早稻季茎、叶、穗、地上部总生物量分别显著增加55.6%、44.4%、28.8%、38.1%。

增温与年份对早稻地上部生物量的形成存在显著的互作效应(图7-5)。在不增温处理下,与2021年茎、叶、地上部总生物量相比,2022年茎、叶、地上部总生物量分别显著增加83.3%、75.6%、47.3%。在增温处理下,与2021年茎、叶、地上部总生物量相比,2022年茎、叶、地上部总生物量分别显著增加32.3%、38.7%、29.7%。增温与播期对穗部生物量具有显著的互作效应。在不增温处理下,与S1相比,S2处理下的穗部生物量显著增加。

表 7-7　增温与播期对早稻成熟期生物量的影响

处理		茎/(t·hm^{-2})	叶/(t·hm^{-2})	穗/(t·hm^{-2})	地上部生物量/(t·hm^{-2})
增温(T)	C	3.4a	1.1a	6.9a	11.4a
	W	3.5a	1.1a	6.7a	11.2a
播期(S)	S1	3.1b	1.0b	6.4b	10.4b
	S2	3.8a	1.2a	7.1a	12.1a
年份(Y)	2021	2.7b	0.9b	5.9b	9.5b
	2022	4.2a	1.3a	7.6a	13.1a
F值	T×S	0.16	0.05	4.84*	0.92
	T×Y	9.15**	5.82*	0.49	6.29*
	S×Y	0.54	1.88	2.30	0.42
	T×S×Y	1.57	0.84	0.01	0.39

注:C、W分别为不增温、增温处理;S1为正常播期,S2为调整播期;表中数值为均值;同一列中的不同小写字母表示不同处理间在$P<0.05$水平差异显著;*和**分别表示在$P<0.05$和$P<0.01$水平差异显著。

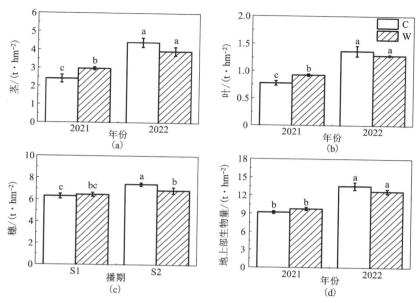

注：C、W 分别为不增温、增温处理；S1 为正常播期，S2 为调整播期；图中不同小写字母表示不同
处理间在 P<0.05 水平差异显著。误差线表示标准差（n=3）。

图 7-5　增温、播期与年份对早稻生物量的互作效应

7.2.3.2　晚稻地上部生物量

　　播期与增温处理对晚稻地上部生物量均无显著影响，但年份之间的地上部生物量差异显著（表 7-8）。与 2021 年相比，2022 年晚稻的茎、叶、穗、地上部生物量分别显著增加 77.8%、108.3%、17.2%、44.1%。年份与播期对晚稻季茎、叶、穗以及地上部生物量形成具有显著的互作效应（图 7-6）。在 S1 处理下，与 2021 年相比，2022 年的茎、叶、穗部以及地上部总生物量均显著增加。在 S2 处理下，与 2021 年相比，2022 年的茎、叶部以及地上部总生物量均显著增加。

表 7-8　增温与播期对晚稻成熟期生物量的影响

处理		茎 /(t·hm^{-2})	叶 /(t·hm^{-2})	穗 /(t·hm^{-2})	地上部生物量 /(t·hm^{-2})
增温(T)	C	3.8a	1.7a	7.0a	12.5a
	W	3.6a	1.9a	6.8a	12.4a

续表7-8

处理		茎/(t·hm⁻²)	叶/(t·hm⁻²)	穗/(t·hm⁻²)	地上部生物量/(t·hm⁻²)
播期(S)	S1	3.8a	1.8a	6.9a	12.6a
	S2	3.7a	1.8a	6.9a	12.3a
年份(Y)	2021	2.7b	1.2b	6.4b	10.2b
	2022	4.8a	2.5a	7.5a	14.7a
F值	T×S	1.79	0.29	2.20	2.00
	T×Y	0.31	0.00	2.89	1.44
	S×Y	21.5**	6.45*	18.2**	20.7**
	T×S×Y	0.06	0.94	0.26	0.00

注：C、W 分别为不增温、增温处理；S1 为正常播期，S2 为调整播期；表中数值为均值；同一列中的不同小写字母表示不同处理间在 $P<0.05$ 水平差异显著；* 和 ** 分别表示在 $P<0.05$ 和 $P<0.01$ 水平差异显著。

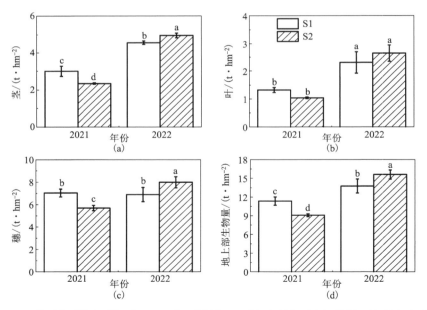

注：C、W 分别为不增温、增温处理；S1 为正常播期，S2 为调整播期；图中不同小写字母表示不同处理间在 $P<0.05$ 水平差异显著。误差线代表标准差($n=3$)。

图7-6 增温、播期与年份对晚稻生物量的互作效应

7.2.4　养分吸收

7.2.4.1　早稻养分吸收

增温对早稻成熟期植株的养分浓度无显著影响，但不同年份之间的养分浓度差异显著（表 7-9）。播期对早稻成熟期植株的氮素、钾素浓度具有显著的影响。与 S1 相比，S2 处理下的氮素浓度显著增加了 8.5%，而钾素浓度显著增加 7.7%。与 2021 年相比，2022 年早稻成熟期植株的氮素、磷素、钾素浓度分别显著增加 8.4%、300%、26.8%。由表 7-10 可看出，播期对早稻成熟期植株对钾素的吸收具有显著的影响，但植株对氮素、磷素的吸收无显著影响；两年之间的养分吸收差异显著，然而增温对植株养分的吸收没有显著的影响。与 S1 相比，S2 处理下的钾素吸收显著下降 11.9%。与 2021 年相比，2022 年植株的氮素、钾素吸收显著增加 39.6%、75.8%，而植株对磷素的吸收显著下降 38.0%。

年份与播期对早稻成熟期植株氮素、钾素浓度与钾素吸收均具有显著的互作效应（图 7-7）。在 S1，与 2021 年相比，2022 年的氮素浓度显著下降 4.8%；在 S2，与 2021 年相比，2022 年的氮素浓度显著增加 7.0%；在 S1、S2，与 2021 年相比，2022 年的钾素浓度分别显著增加 45.3%、9.5%；在 S1、S2，与 2021 年相比，2022 年的钾素吸收均显著增加。

表 7-9　增温与播期对早稻成熟期植株养分浓度的影响

处理		氮素浓度 /(g·kg^{-1})	磷素浓度 /(g·kg^{-1})	钾素浓度 /(g·kg^{-1})
增温（T）	C	9.8a	0.5a	8.1a
	W	10.0a	0.5a	8.0a
播期（S）	S1	9.4b	0.5a	7.8a
	S2	10.2a	0.5a	8.4b
年份（Y）	2021	9.5b	0.2b	7.1b
	2022	10.3a	0.8a	9.0a

续表7-9

处理		氮素浓度 /$(g \cdot kg^{-1})$	磷素浓度 /$(g \cdot kg^{-1})$	钾素浓度 /$(g \cdot kg^{-1})$
F 值	$T \times S$	0.77	0.00	1.41
	$T \times Y$	2.00	0.52	0.35
	$S \times Y$	4.78*	0.00	27.4**
	$T \times S \times Y$	0.23	0.10	2.97

注：C、W 分别为不增温、增温处理；S1 为正常播期，S2 为调整播期；表中数值为均值；同一列中的不同小写字母表示不同处理间在 $P < 0.05$ 水平差异显著；* 和 ** 分别表示在 $P < 0.05$ 和 $P < 0.01$ 水平差异显著。

表 7-10　增温与播期对早稻成熟期植株养分吸收的影响

处理		氮素吸收 /$(kg \cdot hm^{-2})$	磷素吸收 /$(kg \cdot hm^{-2})$	钾素吸收 /$(kg \cdot hm^{-2})$
增温(T)	C	116.0a	12.8a	95.2a
	W	114.8a	13.6a	92.2a
播期(S)	S1	116.7a	13.1a	99.6a
	S2	114.1a	13.3a	87.7b
年份(Y)	2021	96.3b	16.3a	67.9b
	2022	134.5a	10.1b	119.4a
F 值	$T \times S$	7.36	0.10	0.08
	$T \times Y$	4.37	2.35	2.63
	$S \times Y$	0.00	2.72	36.6**
	$T \times S \times Y$	0.00	0.00	0.19

注：C、W 分别为不增温、增温处理；S1 为正常播期，S2 为调整播期；表中数值为均值；同一列中的不同小写字母表示不同处理间在 $P < 0.05$ 水平差异显著；** 表示在 $P < 0.01$ 水平差异显著。

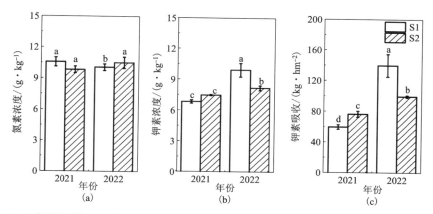

注：C、W 分别为不增温、增温处理；S1 为正常播期，S2 为调整播期；图中不同小写字母表示不同处
理间在 $P < 0.05$ 水平差异显著。误差线代表平均值的标准差（$n = 3$）。

图 7-7　增温、播期与年份对早稻成熟期养分浓度、吸收的互作效应

7.2.4.2　晚稻养分吸收

增温与播期两个处理对晚稻成熟期植株的养分浓度均无显著影响。不同年份除对钾素浓度变化无显著影响外，对氮素、磷素浓度均有显著影响（表 7-11）。与 2021 年成熟期植株氮素、磷素浓度相比，2022 年氮素、磷素浓度均显著下降。增温与播期两个处理对晚稻成熟期植株养分的吸收均无显著影响，但年份之间的养分吸收差异显著（表 7-12）。与 2021 年相比，2022 年晚稻成熟期植株氮素吸收显著增加 13.7%、钾素吸收显著增加 59.5%、磷素吸收显著下降 52.8%。

年份与播期对晚稻成熟期植株氮素浓度存在显著的互作效应（图 7-8）。在 S1、S2 处理下，与 2021 年相比，2022 年晚稻成熟期植株氮素浓度分别显著下降 24.0%、19.5%。

表 7-11　增温与播期对晚稻成熟期植株养分浓度的影响

处理		氮素浓度 /(g·kg⁻¹)	磷素浓度 /(g·kg⁻¹)	钾素浓度 /(g·kg⁻¹)
增温(T)	C	9.4a	1.4a	8.1a
	W	8.9a	1.4a	8.2a
播期(S)	S1	9.5a	1.4a	8.2a
	S2	8.8a	1.5a	8.2a

续表7-11

处理		氮素浓度 /(g·kg⁻¹)	磷素浓度 /(g·kg⁻¹)	钾素浓度 /(g·kg⁻¹)
年份(Y)	2021	10.2a	2.1a	7.8a
	2022	8.1b	1.7b	8.6a
F 值	$T×S$	0.01	0.01	0.62
	$T×Y$	0.51	0.02	0.02
	$S×Y$	20.0**	0.92	2.55
	$T×S×Y$	2.78	0.04	0.50

注：C、W 分别为不增温、增温处理；S1 为正常播期，S2 为调整播期；表中数值为均值；同一列中的不同小写字母表示不同处理间在 $P<0.05$ 水平差异显著；** 表示在 $P<0.01$ 水平差异显著。

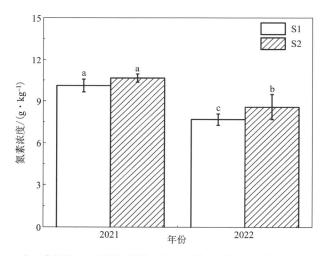

注：S1 为正常播期，S2 为调整播期；图中不同小写字母表示不同处理间在 $P<0.05$ 水平差异显著。误差线代表平均值的标准差（$n=3$）。

图 7-8 增温、播期与年份对晚稻成熟期氮浓度的互作效应

表 7-12 增温与播期对晚稻成熟期植株养分吸收的影响

处理		氮素吸收 /(kg·hm⁻²)	磷素吸收 /(kg·hm⁻²)	钾素吸收 /(kg·hm⁻²)
增温(T)	C	114.9a	16.2a	104.1a
	W	110.9a	15.9a	102.9a

续表7-12

处理		氮素吸收 /(kg·hm⁻²)	磷素吸收 /(kg·hm⁻²)	钾素吸收 /(kg·hm⁻²)
播期(S)	S1	110.3a	16.2a	103.1a
	S2	115.5a	15.8a	103.9a
年份(Y)	2021	105.7b	21.8a	79.8b
	2022	120.2a	10.3b	127.3a
F值	$T×S$	0.02	0.25	0.00
	$T×Y$	0.30	0.14	0.17
	$S×Y$	13.5*	0.08	8.61
	$T×S×Y$	0.28	0.24	0.22

注：C、W分别为不增温、增温处理；S1为正常播期，S2为调整播期；表中数值为均值；同一列中的不同小写字母表示不同处理间在$P<0.05$水平差异显著；*表示在$P<0.05$水平差异显著。

7.2.5　铵态氮与硝态氮

由图7-9所示，增温与播期对稻田土壤铵态氮、硝态氮的浓度均无显著影响。

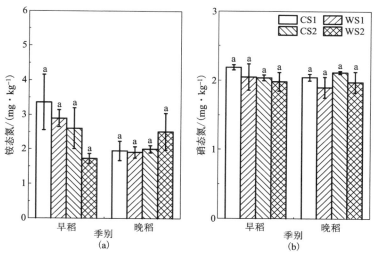

注：C、W分别为不增温、增温处理；S1为正常播期，S2为调整播期；图中不同小写字母表示不同处理间在$P<0.05$水平差异显著。误差线代表平均值的标准差（$n=3$）。

图7-9　增温与播期对土壤硝态氮与铵态氮的影响（2022年）

7.2.6 CH₄ 排放通量

由图 7-10 所示，2021 年早、晚稻季四个处理的 CH_4 排放通量季节变化规律大致相同。在 2021 年试验周期内，四个处理的 CH_4 排放通量季节变化范围为 $-0.003 \sim 37.4$ mg · m^{-2} · h^{-1}。在水稻生育期内，稻田 CH_4 排放通量随水稻移栽天数推后呈增加趋势，在早稻季分蘖后期（5 月 16 日）监测到四个处理的最大排放峰值，晚稻季两个播期处理下的 CH_4 排放峰值均于水稻移栽后 7 天左右出现。早晚稻四个处理的 CH_4 排放峰值分别表现为：WS1>CS1>CS2>WS2、CS1>WS2>WS1>CS2。同早稻季 CS1 处理相比，WS1 处理的 CH_4 排放峰值显著增加 16.3%；而与 CS2 处理相比，WS2 处理的 CH_4 排放峰值显著下降 25.3%。同晚稻季 CS1 处理相比，WS1 处理的 CH_4 排放峰值显著下降 18.1%；而与 CS2 处理相比，WS2 处理的 CH_4 排放峰值显著增加 62.6%。水稻排水晒田时，四个处理 CH_4 排放通量降低。在水稻生长后期干湿交替灌溉时未出现排放峰，一直保持较低的排放量。

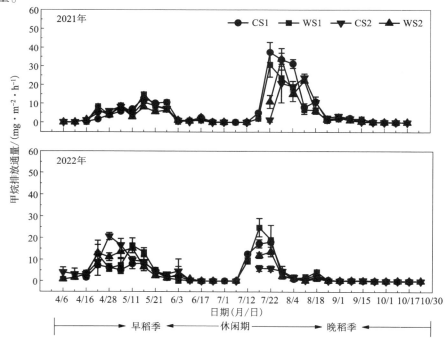

注：C、W 分别为不增温、增温处理；S1 为正常播期，S2 为调整播期；误差线代表平均值的标准差（$n=3$）。

图 7-10　增温与播期对双季稻田 CH₄ 排放通量的影响

2022 年试验周期内的四个处理 CH_4 排放通量季节变化范围为 $-0.05 \sim$ 20.68 $mg/m^2 \cdot h$（图 7-10）。水稻移栽后 CH_4 排放通量开始增加，早稻 WS1、WS2 处理 CH_4 排放峰值均于 5 月 14 日监测到峰值，CS1、CS2 处理的 CH_4 排放峰值分别于 5 月 21 日、5 月 4 日监测到。晚稻在水稻移栽后 7 天左右监测到四个处理的 CH_4 排放峰值。早晚稻季 CH_4 排放通量在水稻发育生长后期均未出现峰值，排放量均低。

7.2.7　溶解有机碳

由图 7-11 所示，增温与播期对 2022 年试验分蘖期溶解有机碳浓度无显著影响。

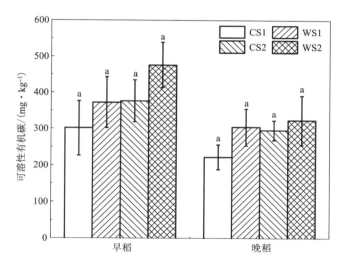

注：C、W 分别为不增温、增温处理；S1 为正常播期，S2 为调整播期；图中不同小写字母表示不同处理间在 $P<0.05$ 水平差异显著。误差线代表平均值的标准差（$n=3$）。

图 7-11　增温与播期对分蘖期土壤溶解有机碳浓度的影响（2022 年）

7.2.8　N_2O 排放通量

如图 7-12 所示，2021 年水稻生育期内四个处理的 N_2O 排放规律基本一致。2021 年四个处理 N_2O 排放通量的变化范围为 $0.10 \sim 22.97$ $\mu g/m^2 \cdot h$。N_2O 在水稻生育期内一直保持较低的排放量。早稻季 CS1、WS1 处理 N_2O 的排放峰值分别于 4 月 16 日、5 月 6 日监测到；CS2、WS2 处理的 N_2O 排放峰值均在 4 月 6 日出现。晚稻季 CS1、CS2 处理的 N_2O 排放峰均于 8 月 11 日监测到；而 WS1、WS2 处理的 N_2O 排放峰分别于 8 月 25 日、9 月 15 日监测到。

2022 年试验周期内，四个处理的 N_2O 排放规律也基本相同，四个处理 N_2O 排放通量的变化范围为 $-9.95 \sim 77.47$ μg/m^2 · h（图 7-12）。早稻季的 CS2、WS2 处理的 N_2O 排放通量于一开始出现较高的排放，而后迅速下降；CS1、WS1 处理的 N_2O 排放峰值于水稻生长中后期监测到。晚稻季 WS1、CS1、WS2、CS2 处理的 N_2O 排放峰均于 8 月 14 日监测到。之后直至水稻收获 N_2O 排放比较稳定，没有出现新的高峰。

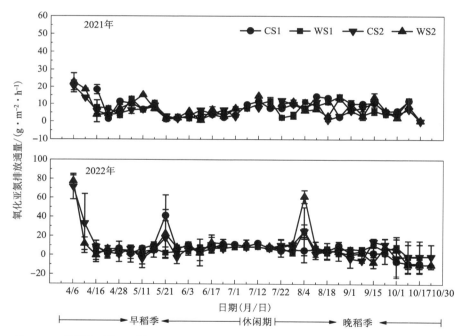

注：C、W 分别为不增温、增温处理；S1 为正常播期，S2 为调整播期；图中不同小写字母表示不同处理间在 $P<0.05$ 水平差异显著。误差线代表平均值的标准差（$n=3$）。

图 7-12　增温与播期对双季稻田 N_2O 排放通量的影响

7.2.9　温室气体排放量

7.2.9.1　早稻不同生育期阶段温室气体排放量

由表 7-13 可知，增温对早稻移栽-分蘖阶段的 CH_4 排放存在显著的影响，但对早稻移栽-分蘖阶段的 N_2O 排放无显著影响。与不增温处理相比，增温处理下的 CH_4 排放平均显著增加 28.1%。播期对早稻移栽-分蘖阶段的 CH_4、N_2O 排放均存在显著的影响。与 S1 相比，S2 处理下的 CH_4 排放显著下降 31.2%，S2 处理下的 N_2O 排放显著增加 157.5%。年份对早稻移栽-分蘖阶段的 CH_4 排放存在显著的影响，但对早稻移栽-分蘖阶段的 N_2O 排放无显著影响。同 2021 年相比较，2022 年早稻移栽-分蘖阶段的 CH_4 排放显著增加 44.6%。增温与播期对早稻移栽-分蘖阶段的 CH_4 排放存在显著的互作效应。在增温处理下，与 S1 相比，S2 处理下的 CH_4 排放显著减少 46.3%。

增温对早稻分蘖-抽穗阶段的 CH_4、N_2O 排放均无显著影响（表 7-13）。播期对早稻分蘖-抽穗阶段的 CH_4 排放存在显著的影响，但对 N_2O 排放无显著影响。同 S1 相比，S2 处理下的 CH_4 排放显著增加 44.0%。年份对早稻分蘖-抽穗阶段的 CH_4 排放也存在显著的影响，但对 N_2O 排放无显著影响。同 2021 年相比，2022 年早稻期间分蘖-抽穗阶段的 CH_4 排放显著增加 38.8%。增温与年份对早稻分蘖-抽穗阶段的 CH_4 排放存在显著的互作效应。在增温处理下，同 2021 年相比，2022 年早稻分蘖-抽穗阶段的 CH_4 排放量显著增加 66.5%。

增温、年份对早稻抽穗-成熟阶段的 CH_4、N_2O 排放均无显著的影响（表 7-13）。播期对早稻抽穗-成熟阶段的 N_2O 排放无显著影响，但对 CH_4 排放有显著的影响。与 S1 相比，S2 处理下的早稻抽穗-成熟阶段 CH_4 排放显著增加。

7.2.9.2　晚稻不同生育期阶段温室气体排放量

由表 7-14 可知，增温对晚稻移栽-分蘖阶段的 CH_4 排放无显著影响，但播期、年份对晚稻移栽-分蘖阶段的 CH_4 排放均具有显著的影响。同 S1 相比，S2 处理下的晚稻移栽-分蘖阶段的 CH_4 排放显著下降 31.2%；与 2021 年相比，2022 年间晚稻移栽-分蘖阶段的 CH_4 排放显著下降 64.0%。增温、播期以及年份对晚稻移栽-分蘖阶段的 N_2O 排放均具有显著影响。与不增温相比，增温处理下的 N_2O 排放显著增加 42.9%；与 S1 相比，S2 处理下的 N_2O 排放显著增加 41.6%；与 2021 年相比，2022 年 N_2O 排放显著增加 45.5%。增温与播期对晚稻移栽-分蘖阶段的 CH_4 排放存在显著的互作效应。在不增温处理下，同 S1 相比，S2 处理

下的 CH_4 排放显著下降 43.2%；在增温处理下，同 S1 相比，S2 处理下的 CH_4 排放显著下降 16.1%。

增温、播期以及年份对晚稻分蘖-抽穗阶段的 CH_4 排放均具有显著影响，但 N_2O 排放均无显著影响（表 7-14）。与不增温相比，增温处理下的 CH_4 排放显著下降 22.5%；与 S1 相比，S2 处理下的 CH_4 排放显著下降 54.0%；与 2021 年相比，2022 年 CH_4 排放显著下降 61.7%。增温与年份对晚稻分蘖-抽穗阶段的 CH_4 排放具有显著的互作效应。在不增温处理下，同 2021 年相比，2022 的 CH_4 排放显著下降 69.5%；在增温处理下，同 2021 年相比，2022 的 CH_4 排放显著下降 49.9%。

增温、播期以及年份对晚稻抽穗-成熟阶段的 CH_4、N_2O 排放均无显著影响，也无显著的互作效应（表 7-14）。

表 7-13 增温与播期对早稻不同生育时期温室气体排放的影响

年份	处理		CH₄ 排放/(kg·hm⁻²)			N₂O 排放/(g·hm⁻²)		
			移栽-分蘖	分蘖-抽穗	抽穗-成熟	移栽-分蘖	分蘖-抽穗	抽穗-成熟
2021	S1	C	33.5bcd	34.7bc	0.8ab	57.1bcd	24.2b	29.4a
		W	46.9b	24.0d	0.4b	48.5bcd	31.2b	34.1a
	S2	C	26.1cd	41.4b	3.0ab	76.7abc	46.4ab	64.1a
		W	24.5d	31.6cd	4.4ab	65.5bcd	59.0ab	54.4a
2022	S1	C	39.1bcd	32.6bcd	0.2b	18.6d	101.5a	46.9a
		W	70.1a	36.5bc	0.1b	21.0cd	25.7b	57.2a
	S2	C	41.6bc	55.0a	9.3a	130.5a	26.2b	56.9a
		W	38.4bcd	56.0a	7.6ab	101.2ab	38.5b	62.2a
F 值	$T×S$		10.4**	0.05	1.60	0.41	3.10	0.26
	$T×Y$		1.09	7.97*	0.13	0.01	2.44	0.29
	$S×Y$		0.00	9.43	1.60	8.48	4.47	1.11
	$T×S×Y$		1.59	0.17	0.16	0.29	2.40	0.06

注：C、W 分别为不增温、增温处理；S1 为正常播期，S2 为调整播期；表中数值为均值；同一列中的不同小写字母表示不同处理间在 $P<0.05$ 水平差异显著；* 和 ** 分别表示在 $P<0.05$ 和 $P<0.01$ 水平差异显著。

表 7-14 增温与播期对晚稻不同生育时期温室气体排放的影响

年份	处理		CH$_4$ 排放/(kg·hm^{-2})			N$_2$O 排放/(g·hm^{-2})		
			移栽-分蘖	分蘖-抽穗	抽穗-成熟	移栽-分蘖	分蘖-抽穗	抽穗-成熟
2021	S1	C	183.8a	29.2a	0.4a	62.1b	70.2a	33.8a
		W	130.5b	20.0b	0.6a	48.9b	71.0a	27.2a
	S2	C	118.8b	14.1c	0.2a	64.1b	51.5ab	20.9a
		W	135.9b	9.2de	0.1a	54.4b	66.3a	21.0a
2022	S1	C	69.3c	8.2de	1.2a	52.1b	32.1bc	−65.1a
		W	74.9c	11.2cd	0.5a	70.0b	28.9bc	20.9a
	S2	C	24.9d	4.9ef	0.3a	53.6b	22.5bc	−19.0a
		W	35.7d	3.4f	0.2a	158.1a	5.0c	−47.4a
F 值	T×S		18.7**	0.00	0.11	4.46	0.00	1.12
	T×Y		9.07	12.7**	0.43	11.6**	!.48	0.40
	S×Y		1.88	11.7	0.19	3.73	0.11	0.00
	T×S×Y		14.0	4.09	0.50	3.80	0.89	1.42

注：C、W 分别为不增温、增温处理；S1 为正常播期，S2 为调整播期；表中数值为均值；同一列中的不同小写字母表示不同处理间在 $P<0.05$ 水平差异显著；** 表示在 $P<0.01$ 水平差异显著。

7.2.10 温室气体累积排放量、GWP 和 GHGI

7.2.10.1 早稻温室气体累积排放量、GWP 和 GHGI

如表 7-15 所示，增温对早稻 N$_2$O 累积排放量具有显著影响，对 CH$_4$ 累积排放量、GWP 以及 GHGI 均无显著影响。与不增温相比，增温处理下的 N$_2$O 排放显著增加了 13.8%。播期对早稻 CH$_4$ 累积排放量、GWP 存在显著影响。与 S1 相比，S2 处理下 CH$_4$ 累积排放量、GWP 分别显著下降 14.7%、13.9%。年份对早稻温室气体累积排放量、GWP 均有显著影响，除 GHGI 外。

增温与播期对早稻季 CH_4 排放、GWP 存在显著的互作效应(图 7-13)。在不增温处理下,同 S1 相比,S2 处理下的 CH_4 累积排放量、GWP 分别显著下降 25.0%、24.5%。在增温处理下,与 S1 相比,S2 处理下的 CH_4 累积排放量、GWP 虽有下降的趋势,但统计分析均不显著。增温与年份对早稻季 N_2O 累积排放量存在显著的互作效应。在增温处理下,与 2021 年相比,2022 年的 N_2O 累积排放量显著增加 0.8%。年份与播期对早稻季 N_2O 累积排放量也存在显著的互作效应。在 S1、S2 处理下,与 2021 年相比,2022 年 S1 处理下 N_2O 累积排放量显著增加 82.9%,S2 处理下 N_2O 累积排放量显著下降 18.4%。

表 7-15 增温与播期对早稻 CH_4 和 N_2O 累积排放量、GWP 和 GHGI 的影响

处理		CH_4 累积排放量 /(kg·hm⁻²)	N_2O 累积排放量 /(g·hm⁻²)	GWP /(kg·hm⁻²)	GHGI /(g·hm⁻²)
增温(T)	C	90.3a	153.6b	2574.7a	0.5a
	W	95.4a	174.9a	2687.9a	0.4a
播期(S)	S1	100.2a	168.3a	2827.3a	0.5a
	S2	85.5b	160.2a	2435.3b	0.4a
年份(Y)	2021	75.5b	147.7b	2153.6b	0.4a
	2022	110.2a	180.8a	3108.9a	0.5a
F 值	$T×S$	20.8**	1.61	1.20	2.95
	$T×Y$	12.5**	22.4**	2.21	1.40
	$S×Y$	5.80*	95.7**	1.20	1.42
	$T×S×Y$	48.1**	4.50	12.4**	2.52

注:C、W 分别为不增温、增温处理;S1 为正常播期,S2 为调整播期;表中数值为均值;同一列中的不同小写字母表示不同处理间差异显著;* 和 ** 分别表示在 $P<0.05$ 和 $P<0.01$ 水平差异显著。

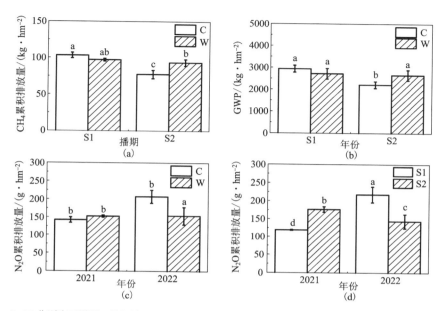

注：C、W 分别为不增温、增温处理；S1 为正常播期，S2 为调整播期；图中不同小写字母表示不同处
理间在 $P<0.05$ 水平差异显著。误差线代表平均值的标准差($n=3$)。

图 7-13　增温、播期与年份对早稻温室气体累积排放量、GWP 的互作效应

7.2.10.2　晚稻温室气体累积排放量、GWP 和 GHGI

如表 7-16 所示，增温对晚稻温室气体排放、GWP 以及 GHGI 均无显著影响。播期对晚稻 CH_4 累积排放量、GWP 以及 GHGI 均存在显著影响。与 S1 相比，S2 处理下的 CH_4 累积排放量、GWP、GHGI 分别显著下降 33.5%、33.5%、16.7%。年份对温室气体累积排放量、GWP 以及 GHGI 均存在显著影响。与 2021 年相比，2022 年的 CH_4 累积排放量、N_2O 累积排放量、GWP、GHGI 分别显著下降 64.7%、40.2%、64.1%、62.5%。

增温与播期对晚稻季 CH_4、N_2O 累积排放以及 GWP 均存在显著的互作效应（图 7-14）。在不增温处理下，同 S1 相比，S2 处理下的 CH_4 累积排放量、GWP 分别显著下降 42.1%、42.4%。在增温处理下，同 S1 相比，S2 处理下的 CH_4 累积排放量、GWP 分别显著下降 23.0%、22.5%。然而，我们还发现在不增温处理下，同 S1 相比，S2 下的 N_2O 累积排放量虽有增加的趋势，但统计分析不显著；在增温处理下，同 S1 相比，S2 处理下的 N_2O 累积排放显著增加 17.4%。

表 7-16　增温与播期对晚稻 CH_4 和 NO_2 累积排放量、GWP 与 GHGI 的影响

处理		CH_4 累积排放量 /($kg \cdot hm^{-2}$)	N_2O 累积排放量 /($g \cdot hm^{-2}$)	GWP /($kg \cdot hm^{-2}$)	GHGI /($g \cdot hm^{-2}$)
增温(T)	C	118.1a	127.7a	3361.1a	0.5a
	W	109.0a	128.4a	3085.8a	0.6a
播期(S)	S1	136.4a	124.9a	3872.4a	0.6a
	S2	90.7b	131.1a	2574.5b	0.5b
年份(Y)	2021	167.9a	160.3a	4743.2a	0.8a
	2022	59.2b	95.8b	1703.7b	0.3b
F 值	$T \times S$	14.1**	11.2**	14.4**	9.73
	$T \times Y$	15.2**	6.65*	13.0**	0.29
	$S \times Y$	0.26	62.7**	0.33	8.90
	$T \times S \times Y$	14.7**	0.50*	12.4**	4.32

注：C、W 分别为不增温、增温处理；S1 为正常播期，S2 为调整播期；表中数值为均值；同一列中的不同小写字母表示不同处理间在 $P<0.05$ 水平差异显著；* 和 ** 分别表示在 $P<0.05$ 和 $P<0.01$ 水平差异显著。

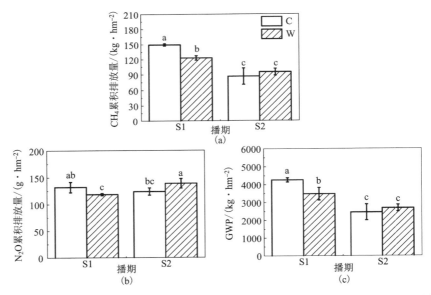

注：C、W 分别为不增温、增温处理；S1 为正常播期，S2 为调整播期；图中不同小写字母表示不同处理间在 $P<0.05$ 水平差异显著。误差线代表平均值的标准差（$n=3$）。

图 7-14　增温、播期与年份对晚稻温室气体累积排放量、GWP 的互作效应

7.2.11　周年温室气体累积排放量、GWP 和 GHGI

如表 7-17 所示，增温对周年 CH_4 累积排放量、GWP 以及 GHGI 无显著影响，但增温处理下的 N_2O 排放显著降低 6.8%。播期除对周年 N_2O 累积排放量无显著影响外，对周年 CH_4 累积排放量、GWP 以及 GHGI 均有显著影响。同 S1 相比，S2 处理下的周年 CH_4 累积排放量、GWP、GHGI 分别显著下降 25.5%、25.2%、18.1%。年份对周年温室气体累积排放量、GWP、GHGI 均有显著影响。同 2021 年相比，2022 年周年 CH_4、N_2O 累积排放量、GWP、GHGI 分别显著下降 30.4%、10.2%、30.2%、33.3%。

增温与播期年份对周年 CH_4 累积排放量存在显著的互作效应（图 7-15）。在不增温处理下，同 S1 相比，S2 处理下的周年 CH_4 累积排放量分别显著减少 25.2%；在增温处理下，同 S1 相比，S2 处理下的周年 CH_4 累积排放量分别显著减少 25.9%。增温与播期对周年 GWP 存在显著的互作效应。在不增温处理下，同 S1 相比，S2 处理下的周年 GWP 显著下降 35.2%；在增温处理下，同 S1 相比，S2 处理下的周年 GWP 显著下降 13.7%。增温与播期对周年 GHGI 存在显著的互作效应。在不增温处理下，同 S1 相比，S2 处理下的周年 GHGI 显著下降 34.5%。

表 7-17　增温与播期对周年 CH_4 和 N_2O 累积排放量、GWP 和 GHGI 的影响

处理		周年 CH_4 累积排放量 /(kg·hm⁻²)	周年 N_2O 累积排放量 /(g·hm⁻²)	周年 GWP /(kg·hm⁻²)	周年 GHGI /(kg·kg⁻¹)
增温（T）	C	208.4a	302.5a	5935.8a	1.0a
	W	204.4a	282.0b	5773.7a	1.0a
播期（S）	S1	236.6a	293.3a	6699.7a	1.1a
	S2	176.2b	291.3a	5009.8b	0.9b
年份（Y）	2021	243.4a	308.0a	6896.8a	1.2a
	2022	169.4b	276.6b	4812.7b	0.8b
F 值	T×S	32.5**	0.86	19.3**	10.4**
	T×Y	28.5**	9.57**	13.2	0.33
	S×Y	2.70	22.1**	1.52	0.94
	T×S×Y	0.03*	6.90*	0.01	0.01

注：C、W 分别为不增温、增温处理；S1 为正常播期，S2 为调整播期；表中数值为均值；同一列中的不同小写字母表示不同处理间在 $P<0.05$ 水平差异显著；* 和 ** 分别表示在 $P<0.05$ 和 $P<0.01$ 水平差异显著。

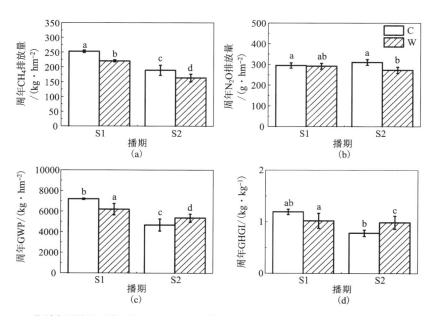

注：C、W 分别为不增温、增温处理；S1 为正常播期，S2 为调整播期；图中不同小写字母表示不同处理间在 $P < 0.05$ 水平差异显著。误差线代表平均值的标准差（$n = 3$）。

图 7-15　增温、播期与年份对周年温室气体累积排放量、GWP 和 GHGI 的互作效应

7.3　小结

　　增温对早、晚稻产量和地上部生物量均无显著影响。调整播期显著增加早稻产量和地上部生物量，但对晚稻产量和地上部生物量均无显著影响。增温对早、晚稻氮素、磷素和钾素浓度与吸收量均无显著影响。增温和调整播期对稻田土壤溶解有机碳、铵态氮、硝态氮浓度均无显著影响。增温对早、晚稻 CH_4 累积排放量无显著影响。增温显著增加早稻季 N_2O 累积排放量，对晚稻 N_2O 累积排放量无显著影响。调整播期显著降低了早、晚稻季 CH_4 累积排放量，对 N_2O 累积排放量无显著影响。增温对早、晚稻综合温室效应无显著影响，而调整播期显著降低了早、晚稻综合温室效应。因此，增温处理下，调整播期在保证水稻产量的同时，能通过降低 CH_4 累积排放量减少双季稻田温室效应。

参考文献

[1] Summary for policymakers. Climate change 2021：the physical science basis[R]. 2021.

[2] 张卫建，陈长青，江瑜，等. 气候变暖对我国水稻生产的综合影响及其应对策略[J]. 农业环境科学学报，2020，39(4)：805-811.

[3] 中国气象局.《中国气候变化蓝皮书》. 2022.

[4] 陈国宁. 中国是全球气候变化敏感区[J]. 生态经济，2022，38(10)：9-12.

[5] Zhang D, Wang H Y, Pan J T, et al. Nitrogen application rates need to be reduced for half of the rice paddy fields in China[J]. Agriculture Ecosystems & Environment, 2018, 265：8-14.

[6] Yang J, Xiong W, Yang X G, et al. Geographic variation of rice yield response to past climate change in China[J]. Journal of Integrative Agriculture, 2014, 13(7)：1586-1598.

[7] Chen J, Chen C, Tian Y, et al. Differences in the impacts of nighttime warming on crop growth of rice-based cropping systems under field conditions[J]. European Journal of Agronomy, 2016：S1671945295.

[8] Tao F, Zhang Z, Shi W, et al. Single rice growth period was prolonged by cultivars shifts, but yield was damaged by climate change during 1981—2009 in China, and late rice was just opposite[J]. Glob Chang Biol, 2013, 19(10)：3200-3209.

[9] Zhang T, Huang Y. Impacts of climate change and inter-annual variability on cereal crops in China from 1980 to 2008[J]. Journal of the Science of Food and Agriculture, 2011, 92(8)：1643-1652.

[10] Coldren G A, Langley J A, Feller I C, et al. Warming accelerates mangrove expansion and surface elevation gain in a subtropical wetland[J]. Journal of Ecology, 2018, 107：79-90.

[11] Figueiredo N, Carranca C, Trindade H, et al. Elevated carbon dioxide and temperature effects on rice yield, leaf greenness, and phenological stages duration[J]. Paddy and Water Environment, 2015, 13(4): 313-324.

[12] Bai E, Li S, Xu W, et al. A meta-analysis of experimental warming effects on terrestrial nitrogen pools and dynamics[J]. New Phytologist, 2013, 199: 441-451.

[13] Aronson E L, Mcnulty S G. Appropriate experimental ecosystem warming methods by ecosystem, objective, and practicality[J]. Agricultural and Forest Meteorology, 2009, 149 (11): 1791-1799.

[14] Rehmani A M I, Wei G, et al. Yield and quality responses of two indica rice hybrids to post-anthesis asymmetric day and night open-field warming in lower reaches of Yangtze River delta [J]. Field Crops Research, 2014, 156: 231-241.

[15] Kimball B A. Theory and performance of an infrared heater for ecosystem warming[J]. Global Change Biology, 2005, 11: 2041-2056.

[16] Kimball B A, Conley M M, Wang S, et al. Infrared heater arrays for warming ecosystem field plots[J]. Global Change Biology, 2010, 14(2): 309-320.

[17] Graaff M A, Groenigen K J, Six J, et al. Interactions between plant growth and soil nutrient cycling under elevated CO_2: a meta-analysis[J]. Global Change Biology, 2010, 12(11): 2077-2091.

[18] Wang J, Liu X, Zhang X, et al. Size and variability of crop productivity both impacted by CO_2 enrichment and warming-A case study of 4-year field experiment in a Chinese paddy [J]. Agriculture, Ecosystems & Environment, 2016, 221: 40-49.

[19] Chen, Luo Y, Pablo G, et al. Differential responses of carbon-degrading enzymes activities to warming: implications for soil respiration[J]. Global change biology, 2018, 24 (10): 4816-4826.

[20] Shi L, Lin Z, Tang S, et al. Interactive effects of warming and managements on carbon fluxes in grasslands: A global meta-analysis[J]. Agriculture, Ecosystems & Environment, 2022, 340: 108178.

[21] Yang T, Zeng Y, Sun Y, et al. Experimental warming reduces fertilizer nitrogen use efficiency in a double rice cropping system[J]. Plant, Soil and Environment, 2019, 65 (10): 483-489.

[22] Liu D, Mishra K A, Ray D K. Sensitivity of global major crop yields to climate variables: A non-parametric elasticity analysis-ScienceDirect[J]. Science of The Total Environment, 2020, 748: 141431.

［23］ Or Z, Seppnen A V. The role of the health sector in tackling climate change：A narrative review［J］. Health policy, 2024, 143：105053.

［24］ Yang X, Chen F, Lin X. Potential benefits of climate change for crop productivity in China ［J］. Agricultural and Forest Meteorology, 2015, 208：76-84.

［25］ 周广胜. 气候变化对中国农业生产影响研究展望［J］. 气象与环境科学, 2015, 38(1)：80-94.

［26］ 尹朝静. 气候变化对中国水稻生产的影响研究［D］. 武汉：华中农业大学, 2017.

［27］ 雷秋良, 徐建文, 姜帅, 等. 气候变化对中国主要作物生育期的影响研究进展［J］. 中国农学通报, 2014, 30(11)：205-209.

［28］ Miyano N, Kokubun M. Analysis of climatic conditions responsible for degradation of rice grain quality in miyagi prefecture, Japan［J］. Japanese Journal of Crop Science, 2009：225-233.

［29］ Peng S, Huang J, Sheehy J E, et al. Rice yields decline with higher night temperature from global warming［J］. Proc Natl Acad Sci U S A, 2004, 101(27)：9971-9975.

［30］ Liu Y, Tang L, Qiu X, et al. Impacts of 1.5 and 2.0 ℃ global warming on rice production across China［J］. Agricultural and Forest Meteorology, 2020, 284：107900.

［31］ Wang X, Li T, Yang X, et al. Rice yield potential, gaps and constraints during the past three decades in a climate-changing Northeast China［J］. Agricultural and Forest Meteorology, 2018, 259：173-183.

［32］ Zhang T, Yang X, Wang H, et al. Climatic and technological ceilings for Chinese rice stagnation based on yield gaps and yield trend pattern analysis［J］. Global Change Biology, 2014, 20(4)：1289-1298.

［33］ 侯雯嘉, 耿婷, 陈群, 等. 近20年气候变暖对东北水稻生育期和产量的影响［J］. 应用生态学报, 2015, 26(1)：249-259.

［34］ Chen C, Groenigen K J V, Yang H, et al. Global warming and shifts in cropping systems together reduce China's rice production［J］. Global Food Security, 2020, 24：100359.

［35］ Chu G, Chen T, Wang Z, et al. Reprint of "Morphological and physiological traits of roots and their relationships with water productivity in water-saving and drought-resistant rice"［J］. Field Crops Research, 2014, 165：36-48.

［36］ 高俊凤. 植物生理学实验指导［M］. 北京：高等教育出版社, 2006.

［37］ Zhu D W, Zhang H C, Guo B W, et al. Effects of nitrogen level on yield and quality of japonica soft super rice［J］. Journal of Integrative Agriculture, 2017, 16(5)：1018-1027.

［38］ Shi W, Yin X, Struik P C, et al. High day-and night-time temperatures affect grain growth dynamics in contrasting rice genotypes［J］. Journal of Experimental Botany, 2017, 68(18)：

5233-5245.

[39] Morita S, Yonemaru J, Takanashi J. Grain growth and endosperm cell size under high night temperatures in rice (Oryza sativa L.) [J]. Annals of Botany, 2005(4): 695-701.

[40] 窦志. 灌浆期开放式增温对水稻籽粒灌浆和品质的影响及氮素粒肥的调控效应[D]. 南京: 南京农业大学, 2017.

[41] Lyman N B, Jagadish K S V, Nalley L L, et al. Neglecting rice milling yield and quality underestimates economic losses from high-temperature stress [J]. Plos One, 2013, 8: e72157.

[42] Xu X, Li G, Li L, et al. Genome-wide comparative analysis of putative Pth11-related G protein-coupled receptors in fungi belonging to Pezizomycotina[J]. BMC microbiology, 2017, 17: 1-11.

[43] 刘慧芳, 吴孚桂, 聂佳俊, 等. 水稻种子蛋白质的组成和积累形态对稻米品质的影响 [J]. 热带作物学报, 2021, 42(4): 1113-1119.

[44] 路凯, 赵庆勇, 周丽慧, 等. 稻米蛋白质含量与食味品质的关系及其影响因素研究进展 [J]. 江苏农业学报, 2020, 36(5): 1305-1311.

[45] Chen P, Shen Z, Ming L, et al. Genetic basis of variation in rice seed storage protein (albumin, globulin, prolamin, and glutelin) content revealed by genome-wide association analysis[J]. Frontiers in Plant Science, 2018, 9: 612-622.

[46] Balindong J L, Ward R M, Liu L, et al. Rice grain protein composition influences instrumental measures of rice cooking and eating quality[J]. Journal of Cereal Science, 2018, 79: 35-42.

[47] Lin C J, Li C Y, Lin S K, et al. Influence of high temperature during grain filling on the accumulation of storage proteins and grain quality in rice (Oryza sativa L.) [J]. Journal of Agricultural & Food Chemistry, 2014, 58(19): 10545-10552.

[48] Ashida K, Araki E, Maruyama-Funatsuki W, et al. Temperature during grain ripening affects the ratio of type-II/type-I protein body and starch pasting properties of rice (Oryza sativa L.) [J]. Journal of Cereal Science, 2013, 57(1): 153-159.

[49] Shaw M R, Harte J. Response of nitrogen cycling to simulated climate change: differential responses along a subalpine ecotone[J]. Global Change Biology, 2010, 7(2): 193-210.

[50] Wang Y, Yang T, Xiong R, et al. Effect of climate warming on the grain quality of early rice in a double-cropped rice field: A 3-year measurement[J]. Frontiers in sustainable food systems, 2023, 7: 1133665.

[51] Wang J, Li L, Lam S K, et al. Changes in nutrient uptake and utilization by rice under

simulated climate change conditions：A 2-year experiment in a paddy field[J]. Agricultural & Forest Meteorology，2018，250：202-208.

[52] Tang S, Chen W, Liu W, et al. Open-field warming regulates the morphological structure, protein synthesis of grain and affects the appearance quality of rice[J]. Journal of Cereal Science，2018，84：20-29.

[53] Keil R G, Kirchman D L. Dissolved combined amino acids in marine waters as determined by a vapor-phase hydrolysis method[J]. Marine Chemistry，1991，33(3)：243-259.

[54] He W, Wang L, Lin Q, et al. Rice seed storage proteins：biosynthetic pathways and the effects of environmental factors[J]. Journal of Integrative Plant Biology，2021，63(12)：1999-2019.

[55] Choi S B, Wang C, Muench D G, et al. Messenger RNA targeting of rice seed storage proteins to specific ER subdomains[J]. Nature，2000，407(6805)：765-767.

[56] Wang J, Long W, Pan J, et al. DNAL7, a new allele of NAL11, has major pleiotropic effects on rice architecture[J]. Planta，2024，259(5)：93.

[57] Lin M, Chai K, Ko S, et al. A positive feedback loop between HEAT SHOCK PROTEIN101 and HEAT STRESS-ASSOCIATED 32 – KD PROTEIN modulates long-term acquired thermotolerance illustrating diverse heat stress responses in rice varieties[J]. Plant physiology，2014，164(4)：2045-2053.

[58] Hameed F, Xu J, Rahim S F, et al. Optimizing nitrogen options for improving nitrogen use efficiency of rice under different water regimes[J]. Multidisciplinary Digital Publishing Institute，2019，9(1)：39.

[59] Ding W, Xu X P, He P, et al. Improving yield and nitrogen use efficiency through alternative fertilization options for rice in China：A meta-analysis[J]. Field Crops Research，2018，227：11-18.

[60] 赵灿, 刘光明, 戴其根, 等. 氮肥对水稻产量, 品质和氮利用效率的影响研究进展[J]. 中国稻米，2022，28(1)：48-53.

[61] Qu Z, Wang J, Almøy T, et al. Excessive use of nitrogen in Chinese agriculture results in high $N_2O/(N_2O+N_2)$ product ratio of denitrification, primarily due to acidification of the soils[J]. Global Change Biology，2014，20(5)：1685-1698.

[62] Sun C, Chen L, Zhai L, et al. National assessment of nitrogen fertilizers fate and related environmental impacts of multiple pathways in China[J]. Journal of Cleaner Production，2020，277(11)：123519.

[63] 王斌, 万运帆, 郭晨, 等. 模拟大气温度和 CO_2 浓度升高对双季稻氮素利用的影响

[J]. 作物学报, 2015, 41(8): 1295-1303.

[64] 冯蕾, 童成立, 石辉, 等. 水稻碳氮吸收、分配与积累对施肥的响应[J]. 环境科学, 2011, 32(2): 574-580.

[65] Dai Z, Yu M, Chen H, et al. Elevated temperature shifts soil N cycling from microbial immobilization to enhanced mineralization, nitrification and denitrification across global terrestrial ecosystems[J]. Global Change Biology, 2020, 26(9): 5267-5276.

[66] Cheng W, Sakai H, Yagi K, et al. Combined effects of elevated [CO_2] and high night temperature on carbon assimilation, nitrogen absorption, and the allocations of C and N by rice (Oryza sativa L.) [J]. Agricultural & Forest Meteorology, 2010, 150(9): 1174-1181.

[67] Jauregui I, Aroca R, Garnica M, et al. Nitrogen assimilation and transpiration: key processes conditioning responsiveness of wheat to elevated [CO_2] and temperature [J]. Physiologia Plantarum, 2015, 155(3): 338-354.

[68] Gardner J B, Drinkwater L E. The fate of nitrogen in grain cropping systems: a meta-analysis of 15N field experiments[J]. Ecological applications, 2009, 19(8): 2167-2184.

[69] Win K T, Nonaka R, Toyota K, et al. Effects of option mitigating ammonia volatilization on CH_4 and N_2O emissions from a paddy field fertilized with anaerobically digested cattle slurry [J]. Biology and Fertility of Soils, 2010, 46(6): 589-595.

[70] Bijoor N S, Czimczik C I, Pataki D E, et al. Effects of temperature and fertilization on nitrogen cycling and community composition of an urban lawn[J]. Global Change Biology, 2008, 14(9): 2119-2131.

[71] Liu R, Hayden H L, Suter H, et al. The effect of temperature and moisture on the source of N_2O and contributions from ammonia oxidizers in an agricultural soil[J]. Biology and Fertility of Soils, 2017, 53: 141-152.

[72] Junk G, Svec H J. The absolute abundance of the nitrogen isotopes in the atmosphere and compressed gas from various sources[J]. Geochimica et Cosmochimica Acta, 1958, 14 (3): 234-243.

[73] Wan S, Hui D, Wallace L, et al. Direct and indirect effects of experimental warming on ecosystem carbon processes in a tallgrass prairie[J]. Global Biogeochemical Cycles, 2005, 19(2): 1-13.

[74] Hanselman T A, Graetz D A, Obreza T A. A Comparison of in situ methods for measuring net nitrogen mineralization rates of organic soil amendments [J]. Journal of Environment Quality, 2004, 33(3): 1098.

[75] Yang J W, Ahn J, Iwahana G, et al. Origin of CO_2, CH_4, and N_2O trapped in ice wedges

in central Yakutia and their relationship[J]. Permafrost and periglacial processes, 2023, 34(1): 122-141.

[76] Li C S. Modeling trace gas emissions from agricultural ecosystems[J]. Nutrient Cycling in Agroecosystems, 2000, 58(1-3): 259-276.

[77] Wang B, Li J, Wan Y, et al. Responses of yield, CH_4 and N_2O emissions to elevated atmospheric temperature and CO_2 concentration in a double rice cropping system[J]. European Journal of Agronomy, 2018, 96: 60-69.

[78] Dalimunthe S, Siregar L, Nisa T, et al. Screening rice lines tolerant to low temperature at the germination stage using thermogradient bar[J]. Asian Journal of Plant Sciences, 2022: 677-687.

[79] Sass R L, Fisher F M, Turner F T, et al. Methane emission from rice fields as influenced by solar radiation, temperature, and straw incorporation[J]. Global Biogeochemical Cycles, 1991, 5(4): 335-350.

[80] Ambrose H W, Dalby F R, Feilberg A, et al. Effects of surfactant, oxidant, and flocculant treatments on methane emission from pig slurry during storage[J]. Journal of Cleaner Production, 2023, 430: 139665.

[81] Shakoor A, Shakoor S, Rehman A, et al. Effect of animal manure, crop type, climate zone, and soil attributes on greenhouse gas emissions from agricultural soils—A global meta-analysis [J]. Journal of Cleaner Production, 2021, 278: 124019.

[82] Pereira J, Figueiredo N, Goufo P, et al. Effects of elevated temperature and atmospheric carbon dioxide concentration on the emissions of methane and nitrous oxide from Portuguese flooded rice fields[J]. Atmospheric Environment, 2013, 80: 464-471.

[83] 牟长城, 陶祥云, 黄忠文, 等. 水稻品种对三江平原稻田温室气体排放的影响[J]. 东北林业大学学报, 2011, 39(11): 89-92.

[84] 邹建文, 黄耀, 宗良纲, 等. 稻田 CO_2, CH_4 和 N_2O 排放及其影响因素[J]. 环境科学学报, 2003, 23(6): 758-764.

[85] 李虎, 王立刚, 邱建军. 农田土壤 N_2O 排放和减排措施的研究进展[J]. 中国土壤与肥料, 2007(5): 1-5.

[86] 石洪艾, 李禄军, 尤孟阳, 等. 不同土地利用方式下土壤温度与土壤水分对黑土 N_2O 排放的影响[J]. 农业环境科学学报, 2013, 32(11): 2286-292.

[87] 王改玲, 陈德立, 李勇. 土壤温度, 水分和 NH_4^+-N 浓度对土壤硝化反应速度及 N_2O 排放的影响[J]. 中国生态农业学报, 2010, 18(1): 1-6.

[88] 柯韵. 川中丘陵区典型农田和森林土壤 CO_2、N_2O 排放观测与模型模拟[D]. 成都: 西南

交通大学, 2016.

[89] 郑循华, 王明星. 温度对农田 N_2O 产生与排放的影响[J]. 环境科学, 1997, 18(5): 1-5.

[90] Chen C, Li Y, Yin G, et al. Antibiotics sulfamethoxazole alter nitrous oxide production and pathways in estuarine sediments: evidenced by the $N^{15}-O^{18}$ isotopes tracing[J]. Journal of Hazardous Materials, 2022, 437: 129281.

[91] Koga N, Tsuruta H, Sawamoto T, et al. N_2O emission and CH_4 uptake in arable fields managed under conventional and reduced tillage cropping systems in northern Japan[J]. Global Biogeochemical Cycles, 2004, 18: 1-11.

[92] Northup R R, Mccoll D J G. Polyphenols as regulators of plant-litter-soil interactions in northern california's pygmy forest: positive feedback? [J]. Biogeochemistry, 1998, 42(1-2): 189-220.

[93] Linn D M, Doran J W. Effect of water - filled pore space on carbon dioxide and nitrous oxide production in tilled and nontilled soils[J]. Soil Science Society of America Journal, 1984, 48(6): 1267-1272.

[94] Avrahami S, Liesack W, Conrad R. Effects of temperature and fertilizer on activity and community structure of soil ammonia oxidizers[J]. Environmental Microbiology, 2003, 5(8): 691-705.

[95] Kim H Y, Lim S S, Kwak J H, et al. Dry matter and nitrogen accumulation and partitioning in rice (Oryza sativa L.) exposed to experimental warming with elevated CO_2[J]. Plant & Soil, 2011, 342(1-2): 59-71.

[96] Crutzen P J, Ehhalt D H. Effects of nitrogen fertilizers and combustion on the stratospheric ozone layer[J]. Ambio, 1977: 112-117.

[97] Gaihre Y K, Wassmann R, Tirol-Padre A, et al. Seasonal assessment of greenhouse gas emissions from irrigated lowland rice fields under infrared warming[J]. Agriculture Ecosystems & Environment, 2014, 184: 88-100.

[98] 张丽娟, 田伟忠. 影响水稻高产的气象生态因子探析[J]. 现代农业科技, 2015 (13): 296.

[99] 江瑜, 管大海, 张卫建. 水稻植株特性对稻田甲烷排放的影响及其机制的研究进展 [J]. 中国生态农业学报, 2018, 26(2): 175-181.

[100] Simmonds M B, Merle A, Arlene A B M, et al. Seasonal methane and nitrous oxide emissions of several rice cultivars in direct-seeded systems[J]. Journal of Environmental Quality, 2015, 44(1): 103-114.

［101］龚金龙，张洪程，胡雅杰，等. 灌浆结实期温度对水稻产量和品质形成的影响［J］. 生态学杂志，2013，32（2）：482-491.

［102］成臣，曾勇军，吕伟生，等. 南方稻区优质晚粳稻产量和品质调优的播期效应［J］. 核农学报，2018，32（10）：2019-2030.

［103］赵黎明，顾春梅，王士强，等. 播期对寒地水稻生长发育及产量和品质的影响［J］. 中国农学通报，2019，35（21）：1-6.

［104］徐俊豪，解嘉鑫，熊若愚，等. 播期对南方双季晚籼稻温光资源利用，产量及品质形成的影响［J］. 中国稻米，2021，27（5）：115-120.

［105］姚正兰，周博扬，汪圣洪，等. 不同播期对水稻生育进程及灌浆速率的影响［J］. 贵州农业科学，2019，47（7）：14-17.

［106］胡启星. 不同生态区双季优质籼稻产量和品质的变化特征研究［D］. 南昌：江西农业大学，2019.

［107］周东雪，刘燕，娄运生，等. 施硅对增温稻田 CH_4 和 N_2O 排放的影响［J］. 生态学报，2020，40（18）：6621-6631.

［108］马艳芹，钱晨晨，孙丹平，等. 施氮水平对稻田土壤温室气体排放的影响［J］. 农业工程学报，2016（S2）：128-134.

［109］商庆银，杨秀霞，成臣，等. 秸秆还田条件下不同水分管理对双季稻田综合温室效应的影响［J］. 中国水稻科学，2015，2：181-190.

［110］党慧慧，刘超，伍翥嵘，等. 不同播期粳稻稻田甲烷排放及综合效益研究［J］. 生态环境学报，2021，30（7）：1436-1446.

［111］王洋，刘景双，窦晶鑫，等. 温度升高对湿地系统温室气体排放的影响［J］. 安全与环境学报，2010，10（5）：122-126.

［112］上官行健，王明星. 温度对稻田 CH_4 排放日变化及季节变化的影响［J］. 中国科学院研究生院学报，1994，11（2）：214-224.

［113］陈林，王芬，费永成，等. 播期对水稻产量及构成因素的影响分析［J］. 安徽农业科学，2011，39（30）：18448-18450.